掌控智能生活

用 mPython
实践创客文化

林大华 编著

科学出版社

北　京

内 容 简 介

人工智能已经成为推动科学技术和国民经济发展的重要力量。为帮助青少年读者深入理解并有效应用这一前沿技术，提升跨学科思维和综合能力，本书基于掌控板和适用于中小学生的图形化编程，围绕智能生活这一主题，设计与人工智能相关的项目式学习案例。

本书共13课，每课包含"基础我来学"和"进阶我会用"两大模块。读者可以依托模块中的"准备清单"与"快速指引"，概览案例全貌；通过"操作步骤"与"参考程序"，掌握人工智能知识和应用方法；借助"小贴士"与"知识库"，扩充相关知识；最后在"脑洞大开"中，激发无限的思维创造力。

本书不仅适合有图形化编程基础的青少年阅读，也是STEAM教育工作者、信息技术兴趣社团等的参考资料。

图书在版编目（CIP）数据

掌控智能生活 ：用mPython实践创客文化 / 林大华编著. -- 北京 ：科学出版社，2025. 1. -- ISBN 978-7-03-080033-6

Ⅰ．TS976.3-39

中国国家版本馆CIP数据核字第2024TY5884号

责任编辑：许寒雪 杨 凯 / 责任制作：周 密 魏 谨
责任印制：肖 兴 / 封面设计：郭 媛

科学出版社 出版

北京东黄城根北街16号
邮政编码：100717
http://www.sciencep.com

北京中科印刷有限公司印刷

科学出版社发行 各地新华书店经销

*

2025年1月第 一 版 开本：720×1000 1/16
2025年1月第一次印刷 印张：9
字数：162 000

定价：56.00元

（如有印装质量问题，我社负责调换）

序言

　　与林老师第一次见面是在 2019 年 11 月的 STEAM 教育课程研究开题报告会上。那是广西壮族自治区的课题启动会，他作为组织者，通过掌控板这一媒介，邀请我在会上做报告。

　　我有幸在会上分享自己的心得，也有幸聆听了林老师做的报告。他对开发 STEAM 教育课程和在广西壮族自治区推动 STEAM 教育的开展有独到的见解。更重要的是，我们有一个共识：在 STEAM 教育中，开源硬件可以更好地支撑项目式学习的进行。

　　会议结束后，我们自然而然地进行了深入的交流。我发现林老师不仅是教育行政领域的优秀工作者，更是 STEAM 教育的资深研究者和实践者。自 2015 年起，他便持续关注我国 STEAM 教育大会及相关行业的发展动向。随着话题的深入，我们发现彼此的朋友圈重合度很高，有许多共同的朋友。而后，林老师分享他在闲暇之余不仅会自己设计课程，还会带着孩子制作创客作品。这让我们的对话轻松起来，我顿时有了一种创客圈网友线下见面的感觉。我对林老师的称呼也随之变为林大。感谢掌控板，让我与能亲自躬耕到行业深处的教育者——林大结缘。

　　林大在 STEAM 教育上一直保持着极高的热情，他致力于在广西壮族自治区开辟一条宽阔的 STEAM 教育之路。多年来，林大组织了多场与 STEAM 教育相关的活动。从活动成果来看，广西壮族自治区的 STEAM 教育水平不亚于其他省份。本书中的案例，便是从近几年广西壮族自治区 STEAM 教育的实践中精选出来的。我相信，这本书能为在开源硬件学习之路上探索的广大师生提供帮助。

在此，我想特别感谢林大对国产开源硬件——掌控板的支持与认可，这无疑给我们的发展注入了动力。作为掌控板的"项目经理"，我深感荣幸，见证了越来越多的教师选择掌控板，以之作为实施 STEAM 教育和人工智能教育的有力工具。

最后，借由林大的新书，我真诚地向所有掌控板的支持者表达感谢。因为有你们的支持，掌控板才能成为更懂学生、更懂教师、更懂教育、更懂中国的开源硬件。

深圳盛思科教文化有限公司
董事长　余翀
2024 年 6 月于深圳

前 言

　　在这个令人着迷的新时代，人工智能（AI）已经渗透到我们生活的方方面面。在这场智能革命的浪潮中，我们每个人不仅是见证者，更是参与者，一起书写着历史的新篇章。

　　AI 的崛起，不仅是一场技术革命，更是一场思维方式的变革。它促使我们重新审视人与机器的关系，思考如何与智能机器和谐共生。从自动驾驶到智能家居，从智能医疗到在线教育，AI 为人类带来了前所未有的机遇。它能够帮助我们解决许多棘手的问题，提高生产效率，改善生活质量。在交通领域，自动驾驶技术让出行更加便捷；在家居领域，物联网技术实现了家居设备的互联互通，丰富了人机交互体验，提升了生活舒适度；在医疗领域，AI 辅助诊断可以提高诊断的准确性和效率；在教育领域，个性化学习模式的推广，让更多的孩子能够找到适合自己的教育方式。然而 AI 在不断改变我们生活方式的同时，也迎来了诸多挑战。数据隐私、伦理道德、就业冲击等问题逐渐浮现。在这一背景下，教育工作者承担着传授应对未来挑战必备技能的重要使命，如培养学生的数据素养、伦理道德观念、创新思维等，以帮助他们更好地掌控未来。

　　本书依据 STEAM 教育理念，以智能生活为主题，设计项目式学习案例。利用国产开源硬件掌控板与图形化编程软件 mPython，引导读者通过亲手实践硬件编程，掌握相关的知识与技能，深入体验人工智能应用的魅力，实践创客文化。

　　在这个智能时代，我们每个人都有责任和义务去关注 AI 的发展。我们需要学习相关知识，提高自身素质。希望本书除了能让读者学到知识，还能够引发读者对 AI 的关注和思考。未来，AI 将继续引领科技发展的潮流。它将与物联网、区块链等新技术深度融合，为我们创造更加智能、便捷的生活。我们有理由相信，在不远的将来，AI 将成为推动社会进步的重要力量。让我们以和谐共生的积极态度，在这个智能时代迎接挑战，为 AI 的健康发展开拓坦途吧。

林大华

2024 年 11 月

目 录

趣味闹钟

闹钟，作为生活中的得力助手，不仅时刻提醒我们珍视每一分每一秒，更帮助我们培养时间管理意识。在它的陪伴下，我们无须担心迟到，也不会错过任何重要事情。本课，我们一起动手制作闹钟吧！

基础我来学 摇晃闹钟

闹钟是一种带有闹时装置的时钟。它不仅能指示时间，还能在预定时间发出声音，提醒我们时间已到。

我们使用准备清单中的材料和软件，一起制作摇晃闹钟吧。当闹钟在预定时间响起时，摇晃掌控板即可关闭闹钟。

准备清单

| 掌控板 ×1 | 数据线 ×1 | Img2Lcd 软件 | mPython 软件
（0.7.6 及以上版本） |

快速指引

① 网络授时

② 绘制时钟

③ 实现闹时功能

④ 摇晃掌控板，关闭闹钟

操作步骤

① 网络授时

网络授时的目的是在国际互联网上传递统一、标准的时间。具体的实现方案是在网络上指定若干时钟源网站，为用户提供授时服务，并且这些网站间能够相互比对，提高准确度。

掌控板的主控芯片可连接网络授时网站，实时获取标准的时间。mPython 软件中"同步网络时间 时区 ×× 授时服务器 ××"积木的默认设置是利用授时服务器"time.windows.com"获取东八区的时间（北京时间）。

> 连接 Wi-Fi 名称 [Wi-Fi名称] 密码 [Wi-Fi密码]
>
> 同步网络时间 时区 [东8区] 授时服务器 [time.windows.com ▾]

② 绘制时钟

初始化时钟，使时钟的圆心位于 OLED 显示屏的（64，32），半径为 30 像素。然后使用"一直重复"积木，重复进行清空 OLED 显示屏、读取当前时间、绘制当前时钟、OLED 显示屏显示时钟、清除时钟的操作。因为时间是实时变化的，所以每次读取时间前要清空 OLED 显示屏。

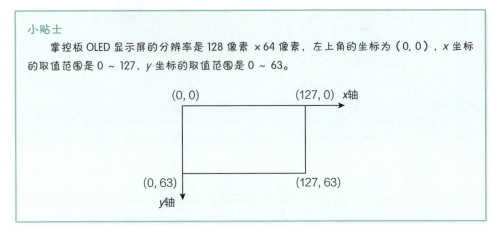

小贴士

　　掌控板 OLED 显示屏的分辨率是 128 像素 ×64 像素，左上角的坐标为（0,0），x 坐标的取值范围是 0 ~ 127，y 坐标的取值范围是 0 ~ 63。

③ 实现闹时功能

　　使用"如果"积木，将闹钟的预定时间设置为本地时间每天早上八点。当时间为早上八点时，闹钟发出声音，OLED 显示屏显示闹钟左右晃动的动画。

　　闹钟左右晃动的动画由两张方向不同的闹钟图片组成，显示时通过来回切换两张图片实现晃动的效果。此处我们需要对两张闹钟图片进行预处理，将其转换为计算机可处理的二进制数或十六进制数。具体的做法是先按照 OLED 显示屏的尺寸调整图片尺寸，调整后将图片另存为 BMP 格式；再使用 Img2Lc 软件对 BMP 格式的图片进行取模，取模软件底部的（71,85）表示转换为十六进数后，图片的宽和高；最后，生成 C 格式的文件，并用文本工具打开，去掉文件中红框框住的部分，即可得到我们所需的十六进数。

文件　编辑　查看

```
const unsigned char gImage_1[765] = { /* 0X00,0X01,0X47,0X00,0X55,0X00, */
0X00,0X00,0X00,0X00,0X00,0X00,0X00,0X00,0X00,0X00,0X00,0X00,0X00,0X00,0X00,0X00,
0X00,0X00,0X00,0X00,0X00,0X00,0X00,0X00,0X00,0X00,0X00,0X00,0X00,0X07,0XFF,0X00,
0X00,0X00,0X00,0X00,0X00,0X00,0X1F,0XFF,0XC0,0X00,0X00,0X00,0X00,0X00,0X00,0X3E,
0X03,0XE0,0X00,0X00,0X00,0X00,0X00,0X00,0XF0,0X00,0X78,0X00,0X00,0X00,0X00,0X00,
0X01,0XE0,0X00,0X3C,0X00,0X00,0X00,0X00,0X03,0X80,0X00,0X1E,0X00,0X00,0X00,0X00,
0X00,0X00,0X07,0X00,0X00,0X1F,0X80,0X00,0X00,0X00,0X07,0X00,0X00,0X00,0X3F,0XE0,
0X00,0X00,0X00,0X00,0X06,0X00,0X00,0XFD,0XF8,0X00,0X00,0X00,0X00,0X0E,0X00,0X00,
0XF0,0X3C,0X00,0X00,0X00,0X00,0X1C,0X00,0X01,0XC0,0X1E,0X00,0X00,0X00,0X00,0X1C,
0X00,0X03,0X80,0X0E,0X00,0X00,0X00,0X18,0X00,0X03,0XC0,0X07,0X00,0X00,0X00,0X00,
0X00,0X1C,0XC0,0X1F,0XFF,0X07,0X00,0X00,0X00,0X1F,0XF0,0X7F,0XFF,0XE3,0X80,
0X00,0X00,0X00,0X1F,0XFF,0XFE,0X03,0XFF,0XE0,0X00,0X00,0X00,0X3E,0X1F,0XFE,0X00,
0X7F,0XF8,0X00,0X00,0X00,0X70,0X1F,0X0F,0X00,0X00,0X0F,0XFE,0X00,0X00,0X00,0XE0,0X3E,
0X07,0X80,0X03,0XFF,0X00,0X00,0X00,0XC0,0X70,0X63,0X80,0X00,0XF7,0X80,0X00,0X00,
0XC1,0XE0,0XE3,0X80,0X00,0X79,0XC0,0X00,0X00,0XC1,0XC0,0X67,0XC0,0X00,0X38,0XE0,
0X00,0X00,0XC3,0X80,0X67,0XC0,0X00,0X00,0X01,0XC7,0X00,0X00,0X67,0XC0,0X00,
0X0E,0X38,0X00,0X01,0X86,0X00,0X0C,0X00,0X00,0X07,0X1C,0X00,0X00,0XCE,0X00,0X0C,
0X00,0X00,0X03,0X8E,0X00,0X00,0X00,0XDC,0X00,0X0E,0X00,0X00,0X01,0XCE,0X00,0X00,0XF8,
0X00,0X0E,0X00,0X00,0X00,0XC7,0X00,0X00,0X00,0XF0,0X00,0X07,0X00,0X00,0X00,0X0E,0X70,0X00,
0X01,0XF0,0X00,0X00,0X07,0X00,0X00,0X00,0XE3,0X80,0X03,0XE0,0X00,0X00,0X07,0X00,0X00,0X00,
0X71,0X80,0X03,0XE0,0X00,0X00,0X00,0X00,0X39,0XC0,0X07,0XE0,0X00,0X00,0X00,0X03,0X80,
0X00,0X03,0X39,0XC0,0X07,0X00,0X00,0X00,0X03,0X80,0X00,0X07,0X38,0XC0,0X06,0XC0,0X00,
0X01,0XC0,0X00,0X07,0X98,0XC0,0X04,0XC0,0X00,0X01,0XC0,0X00,0X03,0XD8,0XE0,0X0C,
0XC0,0X00,0X00,0XC0,0X00,0X03,0XDC,0X60,0X0C,0XC0,0X00,0X00,0XC0,0X00,0X01,0XCC,
0X70,0X0C,0XC0,0X00,0X00,0XE0,0X00,0X01,0XCC,0X70,0X1C,0XC0,0X00,0X00,0XE0,0X00,
0X07,0XCE,0X70,0X18,0XC0,0X00,0X00,0X70,0X00,0X07,0X8E,0X70,0X18,0XC0,0X00,0X00,
0X78,0X00,0X07,0X0E,0X70,0X18,0XC0,0X00,0X00,0X78,0X00,0X00,0X0E,0X70,0X18,0XC0,
0X00,0X00,0X78,0X00,0X00,0X0E,0X70,0X18,0XC3,0X00,0X00,0X00,0X0E,0X30,
0X1C,0XC7,0XC0,0X00,0XE0,0X00,0X00,0X0E,0X30,0X1C,0XCF,0XE0,0X01,0XC0,0X00,0X00,
0X0E,0X30,0X0C,0XCF,0XE0,0X03,0X80,0X00,0X00,0X1E,0X70,0X0C,0XEF,0XF0,0X03,0X80,
0X00,0X00,0X1C,0X70,0X0C,0X67,0XE0,0X07,0X00,0X00,0X00,0X1C,0X70,0X04,0X67,0XE0,
0X0E,0X00,0X00,0X00,0X1C,0X70,0X04,0X31,0XE0,0X0E,0X00,0X00,0X00,0X18,0X60,0X06,
0X31,0XE0,0X1C,0X00,0X00,0X00,0X38,0XE0,0X07,0X38,0XC0,0X38,0X00,0X00,0X00,0X38,
0XE0,0X03,0X18,0X00,0X38,0X00,0X00,0X00,0X38,0XC0,0X03,0X1C,0X00,0X30,0X00,0X00,
0X00,0X71,0XC0,0X03,0X8E,0X00,0X00,0X00,0X00,0X00,0X71,0XC0,0X01,0XC6,0X00,0X00,
0X00,0X00,0X00,0XE1,0XC0,0X00,0XC7,0X00,0X00,0X00,0X00,0X01,0XC1,0X80,0X00,0XE3,
0X80,0X00,0X01,0XC0,0X01,0XC1,0X80,0X00,0X61,0XC0,0X00,0X03,0X83,0X80,
0X00,0X70,0XE0,0X00,0X01,0XF0,0X07,0X07,0X80,0X00,0X38,0X70,0X00,0X03,0XF8,0X0F,
0X07,0X00,0X00,0X18,0X38,0X00,0X03,0XF8,0X1F,0X87,0X00,0X00,0X00,0X1C,0X1C,0X00,0X01,
0XF8,0X7F,0XC6,0X00,0X00,0X06,0X0F,0X00,0X01,0XF0,0XF1,0XFC,0X00,0X00,0X07,0X03,
0XC0,0X00,0X7F,0XF8,0XFC,0X00,0X00,0X03,0X81,0XF0,0X00,0X1F,0XF8,0X7C,0X00,0X00,
0X01,0XC0,0X7F,0XFF,0XC1,0XC0,0X78,0X00,0X00,0X00,0XE0,0X1F,0XFF,0XF8,0X0E,0XF8,
0X00,0X00,0X00,0X38,0X07,0XFF,0X80,0X07,0XF0,0X00,0X00,0X00,0X1C,0X07,0X38,0X00,
0X03,0X03,0XC0,0X00,0X00,0X00,0X0E,0X06,0X38,0X00,0X01,0X00,0X00,0X00,0X00,0X07,0X86,
0X38,0X00,0X00,0X00,0X00,0X00,0X03,0XC6,0X38,0X00,0X00,0X00,0X00,0X07,0X86,
0X00,0X00,0XFE,0X30,0X00,0X00,0X00,0X00,0X00,0X3F,0XF0,0X00,0X00,0X00,0X00,0X00,
0X00,0X00,0X00,0X1F,0XE0,0X00,0X00,0X00,0X00,0X00,0X00,0X00,0X03,0X80,0X00,0X00,0X00,
0X00,0X00,0X00,0X00,0X00,0X00,0X00,0X00,0X00,0X00,0X00,0X00,0X00,0X00,0X00,0X00,
0X00,0X00,0X00,0X00,0X00,0X00,0X00,0X00,0X00,0X00,0X00,0X00,0X00,0X00};
```

如果　本地时间 时 = 8 和 本地时间 分 = 0 和 本地时间 秒 = 0

播放音调 音调 C3 延时 500 毫秒 引脚 默认

OLED 显示 清空

绘制 图像 x 44 y 10 宽 40 高 49 16进制图像数据 初始化列表 [0X00,0X00,0X00,0X00,0X00,0X00,0X00,0X00,0X00,0X0...]

OLED 显示生效

等待 100 毫秒

OLED 显示 清空

绘制 图像 x 44 y 10 宽 40 高 49 16进制图像数据 初始化列表 [0X00,0X00,0X00,0X00,0X00,0X00,0X00,0X00,0X00,0X0...]

OLED 显示生效

等待 100 毫秒

④ 摇晃掌控板，关闭闹钟

掌控板板载的加速度传感器可以检测掌控板的运动状态，包括加减速、向前后左右倾斜、被摇晃等。基于这一功能，我们设置关闭闹钟的方式为摇晃掌控板。当掌控板被摇晃时，闹钟不再发出声音，OLED 显示屏也不再显示闹钟左右摇晃的动画。

如果　本地时间 时 = 8 和 本地时间 分 = 0 和 本地时间 秒 = 0

重复直到 掌控板 被摇晃

播放音调 音调 C3 延时 500 毫秒 引脚 默认

OLED 显示 清空

绘制 图像 x 44 y 10 宽 40 高 49 16进制图像数据 初始化列表 [0X00,0X00,0X00,0X00,0X00,0X00,0X00,0X00,0X00,0X0...]

OLED 显示生效

等待 100 毫秒

OLED 显示 清空

绘制 图像 x 44 y 10 宽 40 高 49 16进制图像数据 初始化列表 [0X00,0X00,0X00,0X00,0X00,0X00,0X00,0X00,0X00,0X0...]

OLED 显示生效

等待 100 毫秒

> **小贴士**
>
> "重复直到"积木右侧接的是跳出循环的条件，也就是程序会不断重复执行积木内的指令，直到满足该条件时才会停止。

参考程序

主程序

连接 WiFi 名称 WiFi名称 密码 WiFi密码

同步网络时间 时区 东8区 授时服务器 time.windows.com

> **知识库**
>
> 　　由于地球自西向东自转，不同地理位置的日出日落时间存在差异。为了协调这种差异，避免时间表达混乱带来的不便，人们将地球表面按照经度划分为若干个区域，每个区域都有统一的时间标准，这就是时区。
>
> 　　全球共分为 24 个时区，以本初子午线（即 0° 经线）为基准，向东向西各划分 12 个时区，每个时区横跨经度 15°。每个时区以中央经线的地方时作为该时区的统一时间，称为区时。
>
> 　　值得注意的是，虽然全球划分为 24 个时区，但并非所有国家和地区都严格遵循这一制度。有些国家为了政治、经济或文化等方面的需要，可能会采用特殊的时区设置，如中国的北京时间（东八区）实际上涵盖了多个省份和自治区。此外，随着全球化和信息技术的发展，时区制度也在不断地适应和变化中。

> **知识库**
>
> 　　图片格式是计算机存储图片的格式，常见的格式包括 BMP、JPG、PNG、TIF、GIF、PCX、TGA、EXIF、FPX、SVG、PSD、CDR、PCD、DXF、UFO、EPS、AI、RAW、WMF、WebP、AVIF、APNG 等。
>
> 　　其中，BMP 格式即位图格式，是 Windows 环境中交换与图有关的数据的一种标准。因此，在 Windows 环境中运行的图形图像软件都支持 BMP 格式文件。BMP 格式采用的是位映射存储方式，可选多种颜色深度，并且不对图片进行任何形式的压缩，所以 BMP 格式文件通常会占用较大的存储空间。

脑洞大开

你是否曾想过拥有一个会"说话"的闹钟，让它用语音来唤醒你的一天呢？赶紧来试一试，制作一个语音闹钟吧！

进阶我会用 语音闹钟

我们使用准备清单中的材料和软件，一起制作带有小憩模式，即延时响铃功能的语音闹钟吧！当闹钟在预定时间进行语音播报时，如果按下掌控板的按键 A，则停止闹时；如果按下掌控板的按键 B，则开启小憩模式，令闹钟在 5 分钟后再次响起。

准备清单

掌控板 ×1　　　　数据线 ×1　　　　mPython 软件
（0.7.6 及以上版本）

快速指引

① 定义初始化函数
② 绘制时钟，设置预定时间
③ 在预定时间进行语音播报
④ 定义按键 B 的功能
⑤ 定义按键 A 的功能
⑥ 完善语音闹钟

 **操作步骤**

① 定义初始化函数

定义初始化函数 csh。在函数中，设置 Wi-Fi 信息；进行网络授时；初始化时钟，使时钟的圆心位于 OLED 显示屏的（64, 32），半径为 30 像素；新建用于表示当前时间是否为八点的布尔型变量 8am，并设其初始值为假；新建用于表示是否绘制当前时钟的布尔型变量 c，并设其初始值为真；配置"讯飞语音"服务。

之所以要配置"讯飞语音"服务，是因为我们制作的语音闹钟要用到文本—语音转换技术。配置"讯飞语音"服务，要用到"[讯飞语音] 合成音频 APPID×× APISecret×× APIKey×× 文字内容 ×× 转存为音频文件 ××"积木。使用此积木需要先在 mPython 软件左侧的"扩展"中，点击"AI"分类，加载"讯飞语音"模块；再在"讯飞开放平台"获取相关参数。

在"讯飞开放平台"获取相关参数的操作是，登录"讯飞开放平台"并注册个人账号；创建应用，按照要求填写应用名称、应用分类、应用功能描述；将生成的 APPID、APISecret 和 APIKey 的内容复制下来。

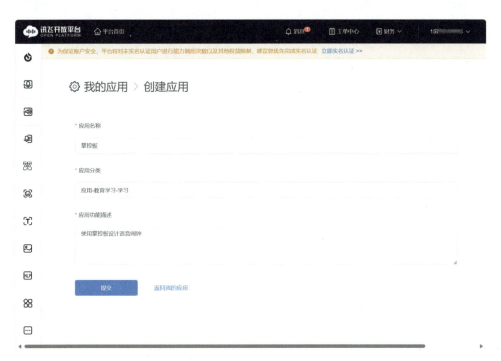

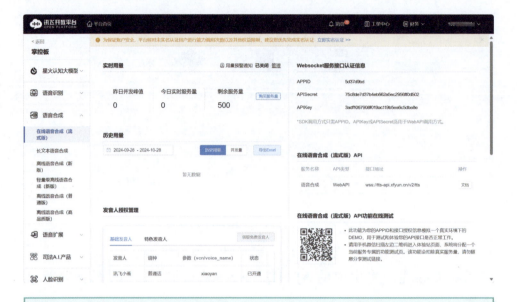

小贴士

　　函数，作为程序设计的核心组成部分，是一种预定义的、模块化的操作集合。在编程时，合理地利用和组合各种函数，不仅能展现出程序设计的巧妙与智慧，还能极大地提升程序的可读性和可维护性。

② 绘制时钟，设置预定时间

　　定义函数 clock。在函数中，使用两个"如果"积木进行判定。如果变量 c 的值为真，则绘制时钟；如果本地时间是早上八点，则设置变量 8am 的值为真。

③ 在预定时间进行语音播报

定义函数 a。在函数中，使用"如果"积木进行判定。如果变量 8am 的值为真，则设置变量 c 的值为假，也就是在八点时，停止在 OLED 显示屏上绘制时钟，转而显示"起床啦！起床啦！"。同时，语音播报"现在是北京时间 ×× 时 ×× 分"。

> **小贴士**
>
> "本地时间 ××"积木获取的是数字类型的值，需要使用"转换文本"积木，将获取的值转换为文本后，才能在"[讯飞语音] 合成音频 APPID ×× APISecret ×× APIKey ×× 文字内容 ×× 转存为音频文件 ××"积木中使用。

④ 定义按键 B 的功能

按键 B 的功能是在预定时间被按下时，开启小憩模式，即语音播报"再睡 5 分钟"，OLED 显示屏显示"再睡 5 分钟"，以及 5 分钟后闹钟再次响起。

定义函数 anjianB

如果 按键 B 已经按下 和 8am = 真

将变量 8am 设定为 假

等待 3 秒

[讯飞语音] 合成音频

APPID 5d37d9bd

APISecret 75c8de7d37b4eb662a5ec2956ff0d502

APIKey 3adf1067908f019ac119b5ea6c5dbe8e

文字内容 再睡5分钟

转存为音频文件 audio_file

音频 播放本地 audio_file

OLED 显示 清空

显示文本 x 20 y 20 内容 再睡5分钟 模式 普通 不换行

OLED 显示生效

等待 300 秒

将变量 8am 设定为 真

⑤ 定义按键 A 的功能

按键 A 的功能是在预定时间被按下时，停止闹时，即闹钟停止播报当前时间，改为播报"停止闹钟"并且 OLED 显示屏上显示"停止闹钟"，显示 2 秒后，OLED 显示屏上重新显示时钟。

定义函数 anjianA

如果 按键 A 已经按下 和 8am = 真

将变量 8am 设定为 假

等待 3 秒

[讯飞语音] 合成音频

APPID 5d37d9bd

APISecret 75c8de7d37b4eb662a5ec2956ff0d502

APIKey 3adf1067908f019ac119b5ea6c5dbe8e

文字内容 停止闹钟

转存为音频文件 audio_file

音频 播放本地 audio_file

⑥ 完善语音闹钟

使用"一直重复"积木，循环除初始化函数外的函数。使语音闹钟可以在每天早上八点闹时。

参考程序

```
定义函数 csh
  连接 Wi-Fi 名称 [Wi-Fi名称] 密码 [Wi-Fi密码]
  同步网络时间 时区 [东8区 ▾] 授时服务器 [ntp.ntsc.ac.cn ▾]
  初始化时钟 [my_clock ▾] x [64] y [32] 半径 [30]
  将变量 [8am ▾] 设定为 [假 ▾]
  将变量 [c ▾] 设定为 [真 ▾]
  将变量 [audio_file ▾] 设定为 " tts.pcm "
  音频 初始化
  设音频音量 [50]
  [讯飞语音] 合成音频
    APPID        " 5d37d9bd "
    APISecret    " 75c8de7d37b4eb662a5ec2956ff0d502 "
    APIKey       " 3adf1067908f019ac119b5ea6c5dbe8e "
    文字内容      "   "
    转存为音频文件 [audio_file ▾]
```

```
定义函数 clock
  如果 [c ▾] [= ▾] [真]
    OLED 显示 [清空 ▾]
    时钟 [my_clock ▾] 读取时间
    绘制 时钟 [my_clock ▾]
    OLED 显示生效
    清除 时钟 [my_clock ▾]
  如果 本地时间 [时 ▾] [= ▾] [8] 和 本地时间 [分 ▾] [= ▾] [0] 和 本地时间 [秒 ▾] [= ▾] [0]
    将变量 [8am ▾] 设定为 [真 ▾]
```

```
定义函数 a
  如果 [8am ▾] [= ▾] [真]
    将变量 [c ▾] 设定为 [假 ▾]
    OLED 显示 [清空 ▾]
    显示文本 x [20] y [20] 内容 " 起床啦！起床啦！ " 模式 [普通 ▾] [不换行 ▾]
    OLED 显示生效
    [讯飞语音] 合成音频
      APPID        " 5d37d9bd "
      APISecret    " 75c8de7d37b4eb662a5ec2956ff0d502 "
      APIKey       " 3adf1067908f019ac119b5ea6c5dbe8e "
      文字内容      转为文本 " 现在是北京时间 "
                        本地时间 [时 ▾]
                        " 时 "
                        本地时间 [分 ▾]
                        " 分 "
      转存为音频文件 [audio_file ▾]
      音频 播放本地 [audio_file ▾]
```

定义函数 anjianB

如果　按键 B 已经按下 和 8am = 真

将变量 8am 设定为 假

等待 3 秒

[讯飞语音] 合成音频

APPID " 5d37d9bd "

APISecret " 75c8de7d37b4eb662a5ec2956ff0d502 "

APIKey " 3adf1067908f019ac119b5ea6c5dbe8e "

文字内容 " 再睡5分钟 "

转存为音频文件 audio file

音频 播放本地 audio file

OLED 显示 清空

显示文本 x 20 y 20 内容 " 再睡5分钟 " 模式 普通 不换行

OLED 显示生效

等待 300 秒

将变量 8am 设定为 真

定义函数 anjianA

如果　按键 A 已经按下 和 8am = 真

将变量 8am 设定为 假

等待 3 秒

[讯飞语音] 合成音频

APPID " 5d37d9bd "

APISecret " 75c8de7d37b4eb662a5ec2956ff0d502 "

APIKey " 3adf1067908f019ac119b5ea6c5dbe8e "

文字内容 " 停止闹钟 "

转存为音频文件 audio file

音频 播放本地 audio file

OLED 显示 清空

显示文本 x 20 y 20 内容 " 停止闹钟 " 模式 普通 不换行

OLED 显示生效

等待 2 秒

将变量 c 设定为 真

> **知识库**
>
> 　　文本—语音转换（text to speech，TTS）技术，是一种将文本信息转换为自然、流畅的语音输出的技术。此技术涉及声学、语言学、数字信号处理、计算机科学等多个学科，其核心目的是将文字信息转化为可听的声音信息。与传统的声音回放设备（如磁带录音机）通过预先录制声音然后回放的方式不同，文本—语音转换技术可以在任何时候将任意文本转换成具有高自然度的语音。
>
> 　　在应用场景方面，文本—语音转换技术展现了广泛的适用性。在手机应用中，它支持语音输入，为用户提供了便捷的语音聊天、语音搜索、语音下单等功能；在机器人对话领域，它使机器人能够实时识别语音对话并将其转化为文字，从而实现流畅的人机交互。此外，文本—语音转换技术还被广泛应用于语音内容分析、实时语音转写、阅读听书、订单播报等多个场景。这些广泛的应用场景充分展示了文本—语音转换技术在人机语音通信领域的巨大潜力。

> **知识库**
>
> 　　变量是计算机语言中不可或缺的元素，用于存储计算结果或表示特定值。在编程中，我们可以为变量起一个合适的名字，以增加程序的可读性和可维护性。变量的命名应遵循一定的规范，如使用有意义的名称、避免与关键字冲突等。
>
> 　　此外，为变量赋一个初始值也是非常重要的。初始值可以是任何有效的数据类型，如整型、浮点型、字符串型等。如果变量在使用前未被赋初始值，那么在程序执行过程中可能会出现未定义变量的程序错误。
>
> 　　因此，确保变量在使用前已经被正确初始化，是编写程序的关键步骤。

> **知识库**
>
> 　　布尔型变量是一种特殊的变量，其逻辑状态仅包含两个值：真（True）和假（False）。这一命名源自 19 世纪著名的数学家乔治·布尔，他在 1847 年出版的《逻辑的数学分析》一书中，首次系统地提出了符号逻辑的概念。由于布尔在符号逻辑运算领域的卓越贡献，如今许多计算机语言将逻辑运算称为布尔运算，并将运算的结果称为布尔值。

> **脑洞大开**
>
> 　　你可以给语音闹钟增加一个倒计时功能吗？

第 ② 课
与时间竞赛

计时，即记录和测量时间的流逝。它是我们掌握时间、规划生活的重要手段。通过计时，我们能够精确地划分时间段，合理安排各项活动，使生活更加有序。本课，我们与时间竞赛，一起制作与计时有关的作品吧！

基础我来学　秒　表

秒表主要用于精确测定短时间内的时间间隔，在体育竞技、速度测量、周期测定等场景发挥着不可或缺的作用。按下开始键后，秒表即刻启动计时功能，并且在运行过程中，支持同时进行多个计时任务。完成计时任务后，通过一键操作即可轻松复位，方便快捷。

我们使用准备清单中的材料和软件，一起制作可支持记录多个时间的秒表吧。当按下按键1（按钮模块）时，秒表即刻启动计时功能；当按下按键2（按钮模块）时，记录当前用时并显示在 OLED 显示屏上；当按下掌控板上的复位键时，秒表立即复位。

 准备清单

掌控板 ×1　　　掌控扩展板 ×1　　　按钮模块（红）×1　　　按钮模块（蓝）×1

数据线 ×1　　　　　杜邦线 ×2　　　　　mPython 软件
（0.7.6 及以上版本）

快速指引

① 连接硬件

② 设置提示语

③ 定义按键 1 的功能

④ 定义按键 2 的功能

 操作步骤

① 连接硬件

按照正确的引脚对应关系先将掌控板和掌控扩展板插到一起，再将两个按钮模块连接至掌控扩展板。

② 设置提示语

我们将连接在 P13 引脚的按钮模块（蓝）作为按键 1，将连接在

P15 引脚的按钮模块（红）作为按键 2。在按键 1 被按下前，OLED 显示屏显示提示语"按键 1：开始 按键 2：计时"。

③ 定义按键 1 的功能

新建用于存储时间的变量 tim，并设其初始值为 0。当按键 1 被按下时，秒表即刻启动计时功能，变量 tim 的值每秒增加 1，OLED 显示屏显示实时时间。此处需要注意的是，需要将变量 tim 的值转为文本后，才能在 OLED 显示屏上显示。

④ 定义按键 2 的功能

新建用于存储时间的变量 record，并设其初始值为 0；新建用于表示显示不同用时位置的变量 x 和变量 y，并设其初始值为 64 和 14。定义函数 a，实现当按键 2 被按下时，记录当前用时的功能，即将变量 tim 的值赋给变量 record，再将变量 record 的值转换成文本后，显示在 OLED 显示屏上。OLED 显示屏一次最多可显示 8 个用时记录。

```
将变量 record 设定为 0
将变量 x 设定为 64
将变量 y 设定为 14

定义函数 a
  如果  读取引脚 P15 数字值 = 1
    将变量 record 设定为 tim
    擦除 实心 矩形 x x y y 宽 64 高 64
    显示文本 x x y y 内容 转为文本 record 模式 普通 不换行
    将变量 y 的值增加 12
    如果 y > 50
      将变量 x 的值增加 20
      将变量 y 设定为 14
```

 **参考程序**

```
主程序
将变量 tim 设定为 0
将变量 record 设定为 0
将变量 x 设定为 64
将变量 y 设定为 14
重复直到 读取引脚 P13 数字值 = 1
  OLED 显示 清空
  显示文本 x 40 y 10 内容 "计时秒表" 模式 普通 不换行
  显示文本 x 5 y 30 内容 "按键1:开始 按键2:计时" 模式 普通 不换行
  OLED 显示生效
OLED 显示 清空
一直重复
  擦除 实心 矩形 x 5 y 5 宽 60 高 64
  显示文本 x 80 y 0 内容 "记录" 模式 普通 不换行
```

显示文本 x 10 y 10 内容 " 用时(s): " 模式 普通 不换行

显示文本 x 10 y 30 内容 ⚙ 转为文本 tim ▾ 模式 普通 不换行

等待 1 秒

将变量 tim ▾ 的值增加 1

a

⚙ 定义函数 a

⚙ 如果　读取引脚 P15 ▾ 数字值 = ▾ 1

将变量 record ▾ 设定为 tim ▾

擦除 实心 ▾ 矩形 x x ▾ y y ▾ 宽 64 高 64

显示文本 x x ▾ y y ▾ 内容 ⚙ 转为文本 record ▾ 模式 普通 不换行

将变量 y ▾ 的值增加 12

⚙ 如果　y ▾ > ▾ 50

将变量 x ▾ 的值增加 20

将变量 y ▾ 设定为 14

脑洞大开

思考生活中还有哪些工具用到了计时原理？

进阶我会用　跑步测速器

　　我们使用准备清单中的材料和软件，一起制作个跑步测速器吧。当按键 2（按钮模块）被按下时，用户可以通过掌控板上的按键 A 和按键 B 预设跑步路程；当按键 1（按钮模块）被按下时，开始计时；在计时状态下按下按键 2，停止计时，计算速度并将速度显示在 OLED 显示屏上。

小贴士

速度 = 路程 ÷ 时间。

准备清单

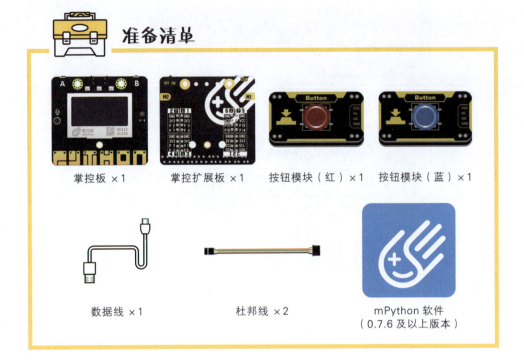

掌控板 ×1　　掌控扩展板 ×1　　按钮模块（红）×1　　按钮模块（蓝）×1

数据线 ×1　　　　　杜邦线 ×2　　　　mPython 软件
（ 0.7.6 及以上版本 ）

快速指引

① 连接硬件

② 设置提示语

③ 定义按键 A 和按键 B 的功能

④ 定义按键 1 的功能

⑤ 定义计时状态下按键 2 的功能

操作步骤

① 连接硬件

　　按照正确的引脚对应关系先将掌控板和掌控扩展板插到一起，再将两个按钮模块连接至掌控扩展板。

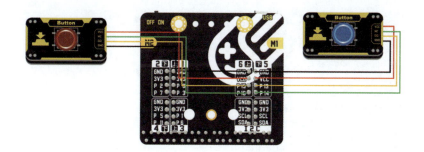

② 设置提示语

我们将连接在 P13 引脚的按钮模块（蓝）作为按键 1，将连接在 P15 引脚的按钮模块（红）作为按键 2。在按键 2 被按下前，OLED 显示屏显示提示语"跑步测速器""按下按键 2""设置总路程"。

```
重复直到▼        读取引脚 P15 数字值 =▼ 1
  OLED 显示 清空
  显示文本 x  35  y  5   内容 " 跑步测速器 "  模式 普通▼  不换行▼
  显示文本 x  40  y  25  内容 " 按下按键2 "  模式 普通▼  不换行▼
  显示文本 x  35  y  40  内容 " 设置总路程 "  模式 普通▼  不换行▼
  OLED 显示生效
```

③ 定义按键 A 和按键 B 的功能

新建用于表示预设路程的变量 dis，并设其初始值为 0。设置循环，在 OLED 显示屏上显示提示语"按下：A 键 +100，按下 B 键 –100""按下按键 1 开始计时"，以及设置的总路程是多少，直到按键 1 被按下，跳出循环。在循环中，如果按键 A 被按下，则变量 dis 的值增加 100；如果按键 B 被按下，则变量 dis 的值减少 100。

```
将变量 dis▼ 设定为  0

重复直到▼        读取引脚 P13 数字值 =▼ 1
  OLED 显示 清空
  显示文本 x  5  y  2   内容 " 按下:A键+100,B键-100 "  模式 普通▼  不换行▼
  显示文本 x  5  y  20  内容 " 总路程 "  模式 普通▼  不换行▼
```

显示文本 x 5 y 35 内容 " 设为(m): " 模式 普通 不换行

显示文本 x 60 y 29 内容 🔧 转为文本 dis 模式 普通 不换行

显示文本 x 18 y 50 内容 " 按下按键1开始计时 " 模式 普通 不换行

OLED 显示生效

🔧 如果 按键 A 已经按下
将变量 dis 的值增加 100
否则如果 按键 B 已经按下
将变量 dis 的值增加 -100

④ 定义按键 1 的功能

新建用于存储用时的变量 tim，并设其初始值为 0。当按键 1 被按下时，秒表即刻启动计时功能，变量 tim 的值每秒增加 1，OLED 显示屏实时显示预设路程长度、用时、速度，以及提示语"按下按键 2 停止计时"。此处需要注意的是，需要将变量 tim 和变量 dis 的值转为文本后，才能在 OLED 显示屏上显示。

将变量 tim 设定为 0

一直重复
等待 1 秒
将变量 tim 的值增加 1
OLED 显示 清空
显示文本 x 5 y 2 内容 " 路程(m): " 模式 普通 不换行
显示文本 x 5 y 17 内容 " 用时(s): " 模式 普通 不换行
显示文本 x 55 y 2 内容 🔧 转为文本 dis 模式 普通 不换行
显示文本 x 55 y 17 内容 🔧 转为文本 tim 模式 普通 不换行
显示文本 x 5 y 32 内容 " 速度(m/s): " 模式 普通 不换行
显示文本 x 90 y 32 内容 🔧 转为文本 float dis ÷ tim 模式 普通 不换行
显示文本 x 18 y 50 内容 " 按下按键2停止计时 " 模式 普通 不换行
OLED 显示生效

小贴士

计算机中有多种数据类型，如整型（int）、单精度浮点型（float）、双精度浮点型（double）、字符型（char）等。其中整型数据不包含小数部分，单精度浮点型数据和双精度浮点型数据包含小数部分。为了显示的速度更精准，此处我们保留结果的小数部分。

⑤ 定义计时状态下按键 2 的功能

在计时状态下按下按键 2，停止计时，OLED 显示屏上的用时和速度不再刷新。为实现这一功能，我们使用"重复直到"积木，循环空指令。

> **小贴士**
>
> 停止计时后，按下掌控板的复位键，即可进行新一轮的测速。

 参考程序

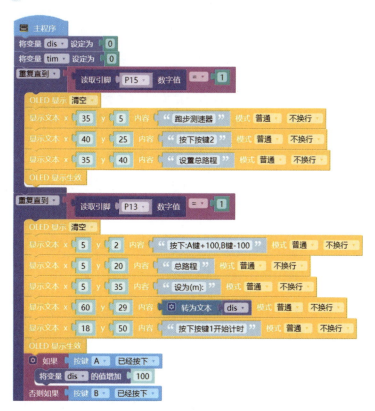

知识库

　　速度是描述物体运动快慢的物理量。无论是飞驰的列车、翱翔的飞机，还是疾驰的汽车，速度都是衡量它们行进效率的关键。

　　在初中物理课中，速度的定义是路程与时间之比；在高中物理课中，速度的定义是位移和发生位移所用的时间的比值。前者侧重于物体运动的直观感受，强调时间和路程的关系；后者引入了位移的概念，位移是点到点的直线距离，而非路程（物体实际经过的路径长度）。本课我们用的是"速度＝路程÷时间"，强调实际跑步的速度。

脑洞大开

　　生活中还有很多工具用到了计时原理，仔细观察生活并试着用掌控板再做一个作品吧。

精彩的电机

电机——看似简单的装置，却拥有将电能转化为机械能的神奇力量。从洗衣机的旋转，到电风扇的吹风，再到电动汽车的疾驰，电机的身影无处不在。本课，我们一起制作与电机有关的作品吧！

基础我来学 炫彩摩天轮

我们使用准备清单中的材料和软件，一起制作炫彩摩天轮吧。炫彩摩天轮通过外接的 TT 直流电机实现转动，其外接的满天星灯通过编程实现呼吸灯的效果。

> **小贴士**
>
> TT 直流电机是一款被广泛应用于电子 DIY、机器人制作、智能车制作领域的动力装置。其组装简便，扩展性强，支持多种图形化编程平台，便于用户通过编程实现对其的控制。

> **小贴士**
>
> 满天星灯带常用于装饰各种场合。在家居装饰中，它点缀房间，营造出温馨、舒适的氛围；在节日庆典上，它缠绕在树上或悬挂在路灯之间，为节日增添浓厚的喜庆色彩，等等。

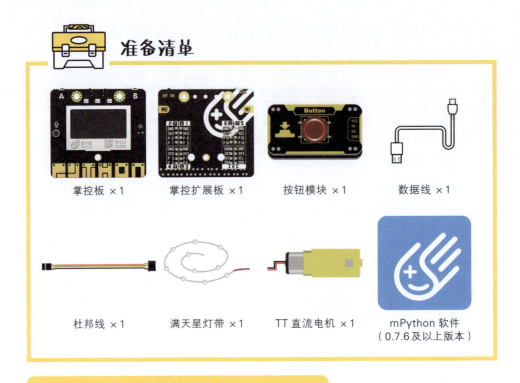

准备清单

掌控板 ×1　　　掌控扩展板 ×1　　　按钮模块 ×1　　　数据线 ×1

杜邦线 ×1　　　满天星灯带 ×1　　　TT 直流电机 ×1　　　mPython 软件
（0.7.6 及以上版本）

快速指引

① 连接硬件

② 新建变量，实现开关功能

③ 设置 TT 直流电机和满天星灯带的参数

④ 定义按钮模块功能

 操作步骤

① 连接硬件

　　按照正确的引脚对应关系先将掌控板和掌控扩展板插到一起，再将 TT 直流电机、满天星灯带、按钮模块分别连接至掌控扩展板的 M1 引脚、M2 引脚、P15 引脚。

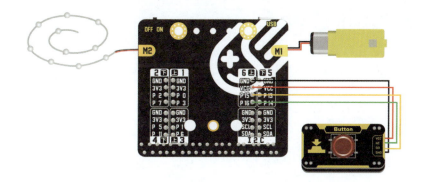

② 新建变量，实现开关功能

我们使用按钮模块作为炫彩摩天轮的开关。按下再松开按钮模块为一次开或关的行为。当出现开或关的行为时，按钮模块的电平从低到高变化一次。

新建用于表示开或关状态的变量 i，并设其初始值为假，即关为默认状态。变量 i 的值，在每一次发生开或关的行为后发生变化，即变量 i 为假时，按下再松开按钮模块，变量 i 的值变为真；变量 i 为真时，按下再松开按钮模块，变量 i 的值变为假。

此处使用"如果 否则"积木，实现开关功能。

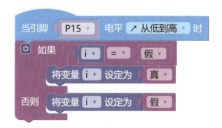

③ 设置 TT 直流电机和满天星灯带的参数

使用"扩展板 打开直流电机 ×× ×× 速度 ××"积木设置 TT 直流电机正转且速度为 20；使用"扩展板 设满天星灯带 ×× 亮度 ××"积木设置满天星灯带的亮度为 50。

④ 定义按钮模块功能

当变量 i 为真时，TT 直流电机转动，满天星灯带产生呼吸灯效果；当变量 i 为假时，TT 直流电机停止转动，满天星灯带熄灭。

呼吸灯效果是通过动态调整满天星灯带的亮度来实现的，具体做法是使用变量 a 和变量 b 作为亮度值。在这个过程中，变量 a 的值会逐渐递增，而变量 b 的值会逐渐递减，

小贴士

使用"中断循环"积木实现当变量 i 为假时，满天星灯带熄灭的效果。如果此处不使用这个积木，程序会在关闭 TT 直流电机后继续执行设置满天星灯带亮度的相关指令。

参考程序

```
主程序
将变量 i 设定为 假
一直重复
    如果 i = 真
        扩展板 打开直流电机 M1 正转 速度 20
        使用 a 从范围 10 到 50 每隔 1
            如果 i = 假
                中断循环
            扩展板 设满天星灯带 M2 亮度 a
            等待 50 毫秒
        使用 b 从范围 50 到 10 每隔 1
            如果 i = 假
                中断循环
            扩展板 设满天星灯带 M2 亮度 b
            等待 50 毫秒
    否则 扩展板 关闭直流电机
```

```
当引脚 P15 电平 ↗ 从低到高 时
    如果 i = 假
        将变量 i 设定为 真
    否则 将变量 i 设定为 假
```

小贴士

炫彩摩天轮的程序已经编写完成了，大家可以根据自己的喜好，利用手边的材料，制作炫彩摩天轮的外形，并用满天星灯带进行装饰。

脑洞大开

思考如何制作一款使用按钮模块来控制转速的小风扇。

进阶我会用　变速小风扇

我们使用准备清单中的材料和软件，一起制作变速小风扇吧。变速小风扇具有三挡转速和挡位指示灯，其中一挡转速最慢、三挡转速最快。当第一次按下按钮模块时，风扇启动，转速为一挡；当第二次按下按钮模块时，转速提升至二挡；当第三次按下按钮模块时，转速提升至三挡；当第四次按下按钮模块时，风扇关闭。

准备清单

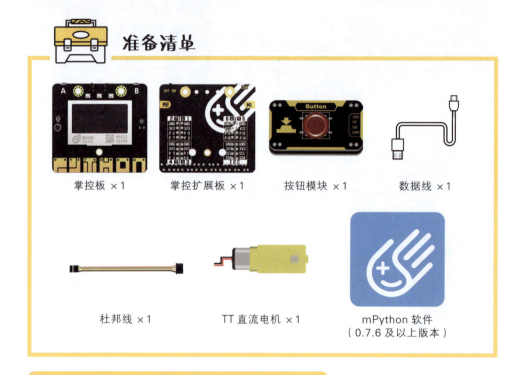

掌控板 ×1　　掌控扩展板 ×1　　按钮模块 ×1　　数据线 ×1

杜邦线 ×1　　TT 直流电机 ×1　　mPython 软件
（0.7.6 及以上版本）

快速指引

① 连接硬件

② 新建变量，定义挡位

③ 设置风扇的转速

④ 实现挡位指示功能

 **操作步骤**

① 连接硬件

按照正确的引脚对应关系先将掌控板和掌控扩展板插到一起，再将 TT 直流电机、按钮模块分别连接至掌控扩展板的 M1 引脚、P15 引脚。

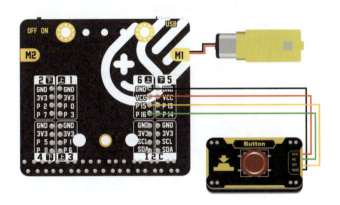

② 新建变量，定义挡位

新建用于表示挡位的变量 i，并设其初始值为 0，即风扇为关闭状态。变量 i 的值随按下按钮模块的次数增加，每次增加 1。当 i 为 4 时，将变量 i 赋值为 0。

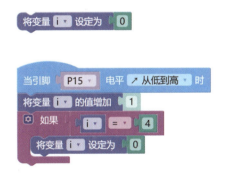

③ 设置风扇的转速

根据挡位转速对照表，使用"如果 否则如果 否则如果 否则如果"积木，设置 TT 直流电机的转速，即风扇的转速。

挡位转速对照表

挡　位	变量 i 的值	转　速
一	0	0
一　挡	1	40
二　挡	2	60
三　挡	3	80

小贴士

　　在编程中进行条件判断时，如果结果仅包含两种情况，可以直接使用"如果 否则"积木进行判断；如果结果超过两种情况，则需要点击"如果 否则"积木左上角的小齿轮，使用"如果 否则如果"积木进行多次判断。此处我们使用了"如果 否则如果 否则如果 否则如果"积木。

④ 实现挡位指示功能

　　通过设置风扇处于不同挡位时，RGB 灯亮不同颜色的光，实现挡位指示功能。当风扇为一挡时，所有 RGB 灯亮黄光；当风扇为二挡时，所有 RGB 灯亮绿光；当风扇为三挡时，所有 RGB 灯亮红光。

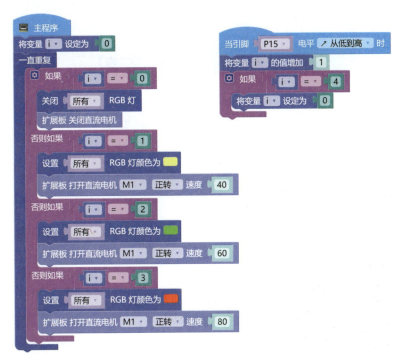

参考程序

小贴士

变速小风扇的程序已经编写完成了，大家可以利用手边的材料，制作风扇的扇叶，让变速小风扇为你带来一丝凉爽。

脑洞大开

除了使用按钮模块，还能使用哪些外接硬件来控制风扇的转速？

无线广播开关灯

掌控板具有无线广播功能，可实现一定区域内的简易组网。其共设 15 个频道。在相同频道下的掌控板可以进行通信。本课，我们基于掌控板的无线广播功能来实现开关灯。

基础我来学 单频无线广播开关灯

我们使用准备清单中的材料和软件，一起实现单频无线广播控灯吧！设置两块掌控板在同一无线广播频道，我们用其中一块掌控板（遥控板）远程操控另一块掌控板（接收板），执行对应的开关灯任务。

准备清单

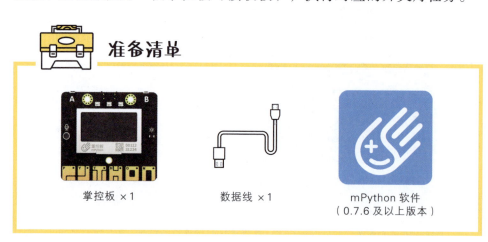

掌控板 ×1 　　　　　数据线 ×1 　　　　　mPython 软件
（0.7.6 及以上版本）

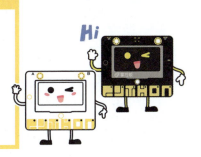

快速指引

① 打开遥控板的无线广播功能，设置无线广播频道

② 设置遥控板的提示语

③ 定义遥控板功能

④ 定义接收板功能

 操作步骤

① 打开遥控板的无线广播功能，设置无线广播频道

使用"×× 无线广播"积木，打开掌控板的无线广播功能。然后使用"设无线广播 频道为 ××"积木，设置无线广播频道为 13。

② 设置遥控板的提示语

使用"OLED 显示 ××"积木、"显示文本 ××× y×× 内容 ×× 模式×× ××"积木、"OLED 显示生效"积木，在遥控板的 OLED 显示屏上显示提示语"按下触摸键 P 开灯""按下触摸键 N 关灯"。

| OLED 显示 清空 |
| 显示文本 x 15 y 20 内容 "按下触摸键P开灯" 模式 普通 不换行 |
| 显示文本 x 15 y 36 内容 "按下触摸键N关灯" 模式 普通 不换行 |
| OLED 显示生效 |

③ 定义遥控板功能

当触摸键 P 被触摸时，遥控板通过无线广播发送消息"开灯"；当触摸键 N 被触摸时，遥控板通过无线广播发送消息"关灯"。

当触摸键 P 被 触摸 时
无线广播 发送 " 开灯 "

当触摸键 N 被 触摸 时
无线广播 发送 " 关灯 "

④ 定义接收板功能

设置接收板的无线广播频道与遥控板的一致。当收到的无线广播消息是"开灯"时，接收板打开 RGB 灯，并使 RGB 灯亮红光；当收到的无线广播消息是"关灯"时，接收板关闭 RGB 灯。因为要实时接收无线广播消息，所以此处使用"一直重复"积木。

这里是使用"设置××RGB 灯颜色为 R×× G×× B××"积木将 RGB 灯的颜色设置为红色。R（红色）、G（绿色）、B（蓝色）的参数范围均是 0 ～ 255，不同的数值组合会生成不同的颜色。

打开 无线广播
设无线广播 频道为 13
一直重复
　如果　收到的无线广播消息 = " 开灯 "
　　设置 所有 RGB 灯颜色为 R 255 G 0 B 0
　如果　收到的无线广播消息 = " 关灯 "
　　关闭 所有 RGB 灯

参考程序

遥控板

主程序
打开 无线广播
设无线广播 频道为 13
OLED 显示 清空
显示文本 x 15 y 20 内容 " 按下触摸键P开灯 " 模式 普通 不换行
显示文本 x 15 y 36 内容 " 按下触摸键N关灯 " 模式 普通 不换行
OLED 显示生效

当触摸键 P 被 触摸 时
无线广播 发送 " 开灯 "

当触摸键 N 被 触摸 时
无线广播 发送 " 关灯 "

接收板

主程序
打开 无线广播
设无线广播 频道为 13
一直重复
　如果 收到的无线广播消息 = " 开灯 "
　　设置 所有 RGB 灯颜色为 R 255 G 0 B 0
　如果 收到的无线广播消息 = " 关灯 "
　　关闭 所有 RGB 灯

知识库

　　三原色，即红（Red）、绿（Green）、蓝（Blue），是色彩理论中的基本概念，也是光的三原色。它们之所以被称为"原色"，是因为它们无法通过其他颜色混合产生，但却可以组合出所有可见光谱中的颜色。

　　RGB 灯集成了红、绿、蓝三种颜色的 LED。这些 LED 距离非常近。我们可以基于三原色的色彩理论，通过设置不同颜色 LED 的亮度值（范围：0 ~ 255）得到不同颜色的灯光。

　　例如，当 R=255，G=0，B=0 时，RGB 灯会亮红光；当 R=255，G=255，B=0 时，RGB 灯亮黄色（红色和绿色会组合成黄色）；当 R=0，G=255，B=0 时，RGB 灯会亮绿色。不同的亮度值组合，为 RGB 灯带来了广泛的应用场景和无限的创意空间。

脑洞大开

　　思考如何使用一块遥控板控制不同的接收板。

进阶我会用　多频无线广播开关灯

　　我们使用准备清单中的材料和软件，实现用一块遥控板控制两块接收板开关灯的功能。

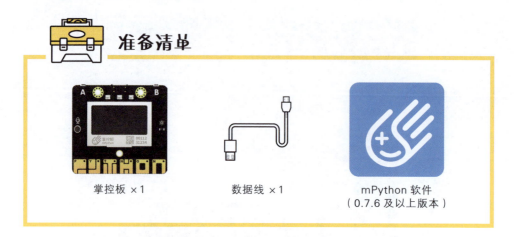

准备清单

掌控板 ×1　　　　数据线 ×1　　　　mPython 软件
（0.7.6 及以上版本）

快速指引

① 打开遥控板的无线广播功能

② 设置遥控板的提示语

③ 定义遥控板的按键及触摸键功能

④ 定义接收板 1 的功能

⑤ 定义接收板 2 的功能

 操作步骤

① 打开遥控板的无线广播功能

使用"×× 无线广播"积木打开掌控板的无线广播功能。

② 设置遥控板的提示语

使用"OLED 显示 ××"积木、"显示文本 x×× y×× 内容 ×× 模式×× ××"积木、"OLED 显示生效"积木，在遥控板的

OLED 显示屏上显示提示语"按下触摸键 P 开灯""按下触摸键 N 关灯""按下按键 A：频道 3""按下按键 B：频道 4"。

③ 定义遥控板的按键及触摸键功能

当遥控板的按键 A 被按下时，设无线广播频道为 3；当遥控板的按键 B 被按下时，设无线广播频道为 4。当触摸键 P 被触摸时，遥控板通过无线广播发送消息"开灯"；当触摸键 N 被触摸时，发送消息"关灯"。

④ 定义接收板 1 的功能

打开接收板 1 的无线广播功能并将无线广播频道设置为 3。为了区分两块接收板，使用 OLED 显示屏显示"频道 3"。

使用"一直重复"积木编写循环结构。当接收板 1 收到消息"开灯"时，接收板 1 打开 RGB 灯（亮红光）；当收到的无线广播消息是"关灯"时，接收板 1 关闭 RGB 灯。

⑤ 定义接收板 2 的功能

同理，打开接收板 2 的无线广播功能并将无线广播频道设置为 4，使用 OLED 显示屏显示"频道 4"。

使用"一直重复"积木编写循环结构。当接收板 2 收到消息"开灯"时，接收板 2 打开 RGB 灯（亮红光）；当收到的无线广播消息是"关灯"时，接收板 2 关闭 RGB 灯。

参考程序

遥控板

```
主程序
打开 ▼ 无线广播
OLED 显示 清空 ▼
显示文本 x 15 y 5 内容 " 按下触摸键P开灯 " 模式 普通 ▼ 不换行 ▼
显示文本 x 15 y 21 内容 " 按下触摸键N关灯 " 模式 普通 ▼ 不换行 ▼
显示文本 x 15 y 37 内容 " 按下A键:频道3 " 模式 普通 ▼ 不换行 ▼
显示文本 x 15 y 53 内容 " 按下B键:频道4 " 模式 普通 ▼ 不换行 ▼
OLED 显示生效
```

```
当触摸键 P ▼ 被 触摸 ▼ 时
无线广播 发送 " 开灯 "
```

```
当按键 A ▼ 被 按下 ▼ 时
设无线广播 频道为 3
```

```
当触摸键 N ▼ 被 触摸 ▼ 时
无线广播 发送 " 关灯 "
```

```
当按键 B ▼ 被 按下 ▼ 时
设无线广播 频道为 4
```

接收板 1

```
主程序
打开 ▼ 无线广播
设无线广播 频道为 3
OLED 显示 清空 ▼
显示文本 x 30 y 25 内容 " 频道3 " 模式 普通 ▼ 不换行 ▼
OLED 显示生效
一直重复
    如果 收到的无线广播消息 = ▼ " 开灯 "
        设置 所有 ▼ RGB 灯颜色为 R 255 G 0 B 0
    如果 收到的无线广播消息 = ▼ " 关灯 "
        关闭 所有 ▼ RGB 灯
```

接收板 2

> **脑洞大开**
>
> 　　接收板不仅能接收消息也能发送消息。思考如何让接收板发送消息，从而实现反馈功能。

生活中的舵机

舵机是一种通过接收控制信号调整输出轴角度的电机，内部集成控制电路和减速器，能够快速响应并稳定输出，被广泛应用于机器人、模型飞机、智能家居等领域。本课，我们通过制作道闸模型，体验并掌握舵机的使用方法。

基础我来学 停车场道闸模型

我们利用准备清单中的材料和软件，一起制作停车场道闸模型吧。当按钮模块被持续按下，舵机控制栏杆抬起；当按钮模块被松开，栏杆降下。

准备清单

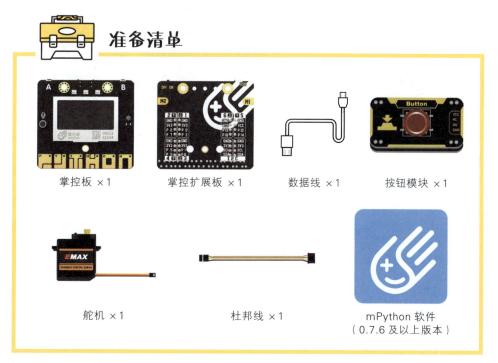

掌控板 ×1　　　掌控扩展板 ×1　　　数据线 ×1　　　按钮模块 ×1

舵机 ×1　　　杜邦线 ×1　　　mPython 软件
（0.7.6 及以上版本）

快速指引

① 连接硬件

② 初始化舵机

③ 实现按钮模块被持续按下所对应的功能

④ 实现按钮模块被松开所对应的功能

 操作步骤

① 连接硬件

按照正确的引脚对应关系先将掌控板和掌控扩展板插到一起，再将舵机和按钮模块分别连接至掌控扩展板的 P0 和 P1 引脚。

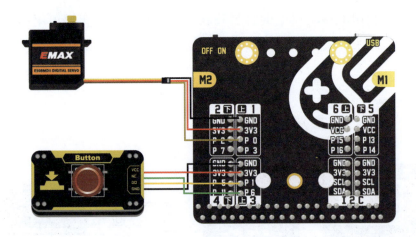

② 初始化舵机

使用"设置舵机 ×× 角度为 ××"积木将舵机的初始化角度设为 0°。

③ 实现按钮模块被持续按下所对应的功能

使用"读取引脚 ×× 数字值"积木读取按钮模块的返回值。按钮模块被按下时的返回值为 1，未被按下时的返回值为 0。

想要实现按钮模块被持续按下所对应的功能，需要先使用"如果"积木，判断按钮模块的返回值是不是 1；然后使用"使用 ×× 从范围 ×× 到 ×× 每隔 ××"积木和"设置舵机 ×× 角度为 ××"积木，使舵机的输出轴以每次 10° 的角度转动，直至角度变为 90°。

> **小贴士**
>
> 　为了避免舵机输出轴转动过快，使用"等待 ×× ××"积木，让输出轴每旋转一个角度，等待 100 毫秒。

④ 实现按钮模块被松开所对应的功能

同理，使用"读取引脚 ×× 数字值"积木、"如果"积木、"使用 ×× 从范围 ×× 到 ×× 每隔 ××"积木、"设置舵机 ×× 角度为 ××"积木和"等待 ×× ××"积木，实现按钮模块被松开所对应的功能。

 参考程序

小贴士

因为要实时读取按钮模块的返回值，所以要使用"一直重复"积木。

小贴士

程序已经编写完成了，大家可以利用手边的材料，制作停车场道闸模型。

脑洞大开

在日常生活中，我们可以看到一些无人控制的道闸，你知道它们是如何实现的吗？

进阶我会用　停车场智能道闸模型

　　停车场智能道闸模型会根据车辆距道闸的远近，自动落杆或抬杆，并且还能显示剩余车位数。我们利用材料清单中的材料和软件，尝试制作吧。

准备清单

掌控板 ×1

掌控扩展板 ×1

按钮模块 ×1

数据线 ×1

超声波传感器模块 ×1

红外避障传感器模块 ×2

舵机 ×1

杜邦线 ×3

mPython 软件
（0.7.6 及以上版本）

快速指引

① 连接硬件
② 初始化舵机和剩余车位数
③ 实现自动落杆和抬杆的功能
④ 记录剩余车位数
⑤ 设置剩余车位提示语

 操作步骤

① 连接硬件

按照正确的引脚对应关系先将掌控板和掌控扩展板插到一起，再将舵机、两个红外避障传感器模块、超声波传感器模块分别连接至掌控扩展板的 P0、P1、P13 和 I²C 引脚。

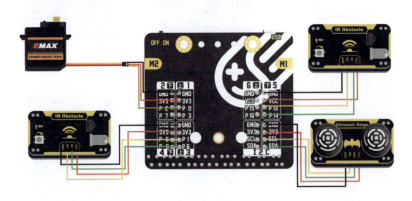

② 初始化舵机和剩余车位数

使用"设置舵机 ×× 角度为 ××"积木将舵机的初始化角度设为 0°。新建用于表示剩余车辆数量的变量 s，并设其初始值为 300。

③ 实现自动落杆和抬杆的功能

为了实现此功能，我们需要使用超声波传感器模块。该模块可向指定方向发射超声波并接收反射回来的超声波，然后根据发射与接收超声波的时间差，以及超声波在空气中的传播速度，计算出距离。

我们设定当检测到的距离小于或等于 50cm 时，智能道闸自动抬杆，在等待一段时间后，自动落杆。此处使用"I2C 超声波"积木获取测得距离。

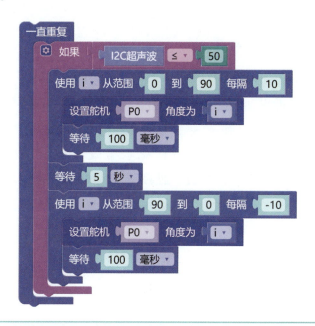

> **小贴士**
>
> 因为要实时测距，所以使用"一直重复"积木。

> **小贴士**
>
> 超声波在空气中的传播速度约为 344m/s。

④ 记录剩余车位数

我们将两个红外避障传感器模块分别安装在停车场模型的入口和出口处，利用这两个模块在检测到 5cm 内有物体时输出高电平，无物体时输出低电平的特性，记录车辆进出的状态。当有车进入时，触发连接在 P1 引脚的红外避障传感器模块，变量 s 的值减少 1；当有车出去时，触发连接在 P13 引脚的红外避障传感器模块，变量 s 的值增加 1。

⑤ 设置剩余车位提示语

剩余车位提示语包含两部分，一部分是固定显示的文字"剩余车位数："，另一部分是根据实际情况动态显示的剩余车位数。

我们使用"OLED 显示 ××"积木、"显示文本 x×× y×× 内容 ×× 模式 ××"积木和"OLED 显示生效"积木，将前者显示在 OLED 显示屏（20, 25）的位置；使用"转为文本"积木、"显示文本 x×× y×× 内容 ×× 模式 ××"积木和"OLED 显示生效"积木，将后者显示在前者的后方。

小贴士
　变量 s 的值被转为文本后，才能在 OLED 显示屏上显示。

 参考程序

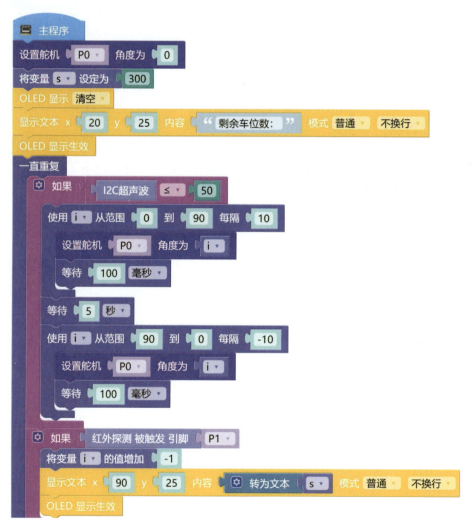

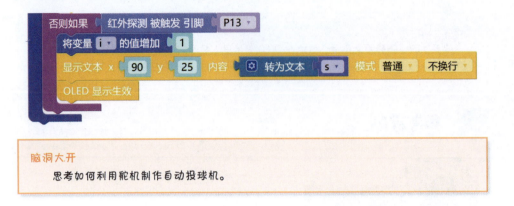

脑洞大开

思考如何利用舵机制作自动投球机。

第 **6** 课

游览系统

在节假日期间，各大景区常面临游客流量超限的问题。为了提升游客的游览体验、优化景区管理，许多景区引入了游览系统。常见的游览系统有游客统计系统、游览播报系统等，旨在提供智能化、个性化的旅游服务。

基础我来学 游客统计系统

我们使用准备清单中的材料和软件，一起制作游客统计系统吧。该系统可以统计路过特定区域的游客数量，并实时显示当前的游客数量、时间、欢迎语。

准备清单

掌控板 ×1

掌控扩展板 ×1

超声波传感器模块 ×1

数据线 ×1

杜邦线 ×1

mPython 软件
（0.7.6 及以上版本）

快速指引

① 连接硬件

② 网络授时

③ 显示时间

④ 定义函数，统计游客数量

⑤ 滚动显示欢迎语

 操作步骤

① 连接硬件

按照正确的引脚对应关系先将掌控板和掌控扩展板插到一起，再将超声波传感器模块连接至掌控扩展板的 I²C 引脚。

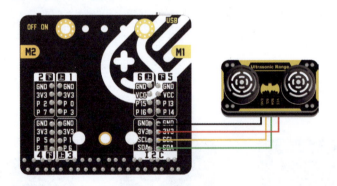

② 网络授时

因为要显示当前的时间，所以我们连接 Wi-Fi，进行网络授时。此处使用的授时服务器是 ntp.ntsc.ac.cn。

③ 显示时间

使用"本地时间 ××"积木可以获取当前的年、月、日、时、分、秒、星期数、天数。其中，星期数的返回值为 1 ~ 7，代表星期一至星期日；天数的返回值是 1 ~ 366，表示当前是全年的第几天。

我们将获取到的年、月、日、时、分、秒、星期数显示在 OLED 显示屏上。此处需要注意的是，"本地时间 ××"积木获取的数据需要转为文本后，才能显示在 OLED 显示屏上。

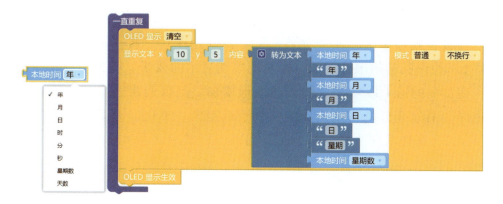

④ 定义函数，统计游客数量

新建用于表示游客数量的变量 a，并设其初始值为 0。

定义函数 R，实现统计游客数量功能。当超声波传感器模块检测到 50cm 以内有游客时，变量 a 的值增加 1。为了尽可能地避免重复计数，使用"重复当"积木，循环空指令。

将游客数量实时显示在 OLED 显示屏上。

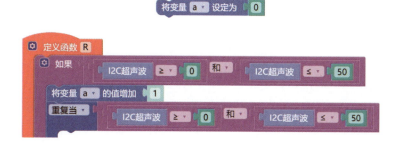

⑤ 滚动显示欢迎语

设置欢迎语为"欢迎光临！"。新建用于表示提示语 x 坐标的变量 b，并设其初始值为 127。要实现滚动显示的效果，我们要让 x 坐标（变量 b 的值）以"–5"的幅度逐渐增加，当欢迎语完全从 OLED 显示屏上消失，也就是变量 b 的值小于或等于 –56 时，重新为变量 b 赋值 127，这样欢迎语会从右侧重新出现，形成滚动显示的效果。

小贴士
    OLED 显示屏上，普通模式下的中文字符的大小为 12 像素 ×16 像素，英文字符的大小为 6 像素 ×16 像素，数字及符号（+、–、*、/ 等）的大小为 8 像素 ×16 像素。在 mPython 中，字符的坐标是字符左上角第一个像素的坐标。

参考程序

```
主程序
连接 Wi-Fi 名称 ( Wi-Fi名称 ) 密码 ( Wi-Fi密码 )
同步网络时间 时区 ( 东8区 ) 授时服务器 ( ntp.ntsc.ac.cn )
将变量 a 设定为 ( 0 )
将变量 b 设定为 ( 127 )
OLED 显示 清空
一直重复
    R
    显示文本 x ( 10 ) y ( 5 ) 内容  转为文本 ( 本地时间 年 )  模式 普通  不换行
                                      " 年 "
                                      ( 本地时间 月 )
                                      " 月 "
                                      ( 本地时间 日 )
                                      " 日 "
                                      " 星期 "
                                      ( 本地时间 星期数 )
    将变量 b 的值增加 ( -5 )
    如果  ( b ≤ -56 )
        将变量 b 设定为 ( 127 )
    显示文本 x ( b ) y ( 45 ) 内容 ( " 欢迎光临! " ) 模式 普通  不换行
    OLED 显示生效

定义函数 R
    如果  ( I2C超声波 ≥ 0 ) 和 ( I2C超声波 ≤ 50 )
        将变量 a 的值增加 ( 1 )
        重复当  ( I2C超声波 ≥ 0 ) 和 ( I2C超声波 ≤ 50 )
    显示文本 x ( 20 ) y ( 25 ) 内容 ( " 参观人数: " ) 模式 普通  不换行
    显示文本 x ( 85 ) y ( 25 ) 内容  转为文本 ( a ) 模式 普通  不换行
    OLED 显示生效
```

脑洞大开

思考如何制作游览播报系统，实现语音播报功能。

进阶我会用　游览播报系统

　　我们一起使用准备清单中的材料和软件，在游客统计系统的基础上制作游览播报系统。该系统可以在按键 A 被按下时，语音播报当前的国际标准时间和欢迎语。

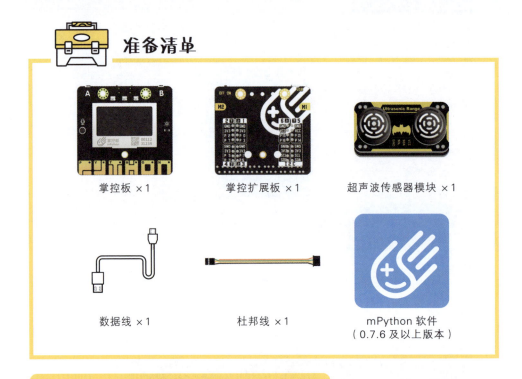

准备清单

掌控板 ×1　　　　　掌控扩展板 ×1　　　　　超声波传感器模块 ×1

数据线 ×1　　　　　杜邦线 ×1　　　　　mPython 软件
（0.7.6 及以上版本）

快速指引

① 连接硬件、搭建游客统计系统
② 获取 APPID、APISecret 和 APIKey
③ 实现语音播报功能
④ 连接硬件、搭建游客统计系统

 **操作步骤**

① 连接硬件、搭建游客统计系统

按照正确的引脚对应关系先将掌控板和掌控扩展板插到一起，再将超声波传感器模块连接至掌控扩展板的 I²C 引脚。

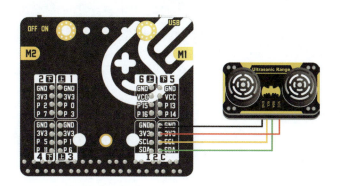

编写游客统计系统的程序。

主程序

```
主程序
连接 Wi-Fi 名称 [Wi-Fi名称] 密码 [Wi-Fi密码]
同步网络时间 时区 东8区 授时服务器 [ntp.ntsc.ac.cn]
将变量 a 设定为 0
将变量 b 设定为 127
OLED 显示 清空
一直重复
  R
    显示文本 x 10 y 5 内容 转为文本 本地时间 年    模式 普通 不换行
                                  " 年 "
                                  本地时间 月
                                  " 月 "
                                  本地时间 日
                                  " 日 "
                                  " 星期 "
                                  本地时间 星期数
    将变量 b 的值增加 -5
    如果 b ≤ -56
      将变量 b 设定为 127
    显示文本 x b y 45 内容 " 欢迎光临！" 模式 普通 不换行
    OLED 显示生效
```

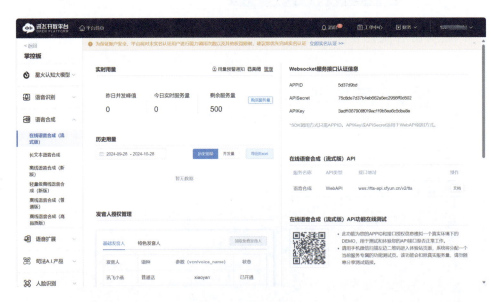

② 获取 APPID、APISecret 和 APIKey

登录"讯飞开放平台"，创建应用并获取 APPID、APISecret 和 APIKey。

③ 实现语音播报功能

当按键 A 被按下时，系统进行语音播报。首先使用"音频 初始化"积木，为音频解码，并释放存储空间。然后使用"[讯飞语音]合成音频 APPID ×× APISecret ×× APIKey ×× 文字内容 ×× 转存为音频文件 ××"积木配置"讯飞语音"服务。最后使用"音频 播放本地 ××"积木，播放欢迎语。

音频 初始化

如果　按键 A ▼　已经按下 ▼

[讯飞语音] 合成音频

APPID　"5d37d9bd"

APISecret　"75c8de7d37b4eb662a5ec2956ff0d502"

APIKey　"3adf1067908f019ac119b5ea6c5dbe8e"

文字内容　转为文本　"现在是北京时间"

本地时间 年 ▼

"年"

本地时间 月 ▼

"月"

本地时间 日 ▼

"日"

"星期"

本地时间 星期数 ▼

"欢迎光临"

转存为音频文件　audio_file ▼

音频 播放本地　audio_file ▼

参考程序

定义函数 R

如果　I2C超声波 ≥ ▼ 0　和 ▼　I2C超声波 ≤ ▼ 50

将变量 a ▼ 的值增加 1

重复当 ▼　I2C超声波 ≥ ▼ 0　和 ▼　I2C超声波 ≤ ▼ 50

显示文本 x 20 y 25 内容 "参观人数:" 模式 普通 不换行

显示文本 x 85 y 25 内容 转为文本 a ▼ 模式 普通 不换行

OLED 显示生效

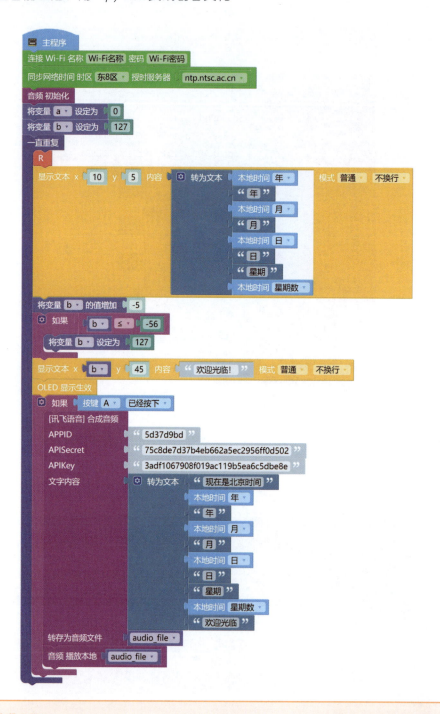

安全警示器

安全警示器是实用的安全辅助设备。例如，距离警示器能够实时监测车辆或人员之间的距离，一旦距离过近，就会发出警报，避免发生碰撞事故；水位警示器则能监控水位变化，一旦超过安全阈值，便会发出警报；气体泄漏警示器能够检测到有害气体泄漏并发出警报，确保作业安全。这些安全警示器在预防潜在危险方面发挥着重要作用。

基础我来学 **距离警示器**

我们使用准备清单中的材料和软件，一起制作距离警示器吧。

 准备清单

掌控板 ×1

掌控扩展板 ×1

超声波传感器模块 ×1

数据线 ×1

杜邦线 ×1

mPython 软件
（0.7.6 及以上版本）

当按下按键 A 时，超声波传感器模块会检测与障碍物的距离，并根据距离发出相应的声音警报。

① 连接硬件

② 显示距离障碍物的数值

③ 定义按键 A 的功能

④ 设置不同距离对应的声音警报

 操作步骤

① 连接硬件

按照正确的引脚对应关系先将掌控板和掌控扩展板插到一起，再将超声波传感器模块连接至掌控扩展板的 I²C 引脚。

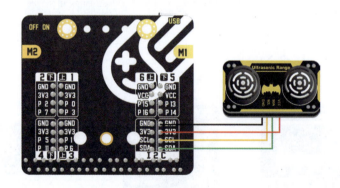

② 显示距离障碍物的数值

在 OLED 显示屏上显示文字"距离障碍物"和转为文本的超声波传感器模块测得的值。

③ 定义按键 A 的功能

就像在倒车时车辆会发出声音警报一样，我们设置当按下按键 A 时，也会开启声音警报。

新建用于表示按键状态的变量 anjian，并设其初始值为 0，即表示按键未被按下。当按下按键 A 时，变量 anjian 的值变为 1。为了避免因长按按键 A 而导致变量 anjian 的值频繁发生变化，使用"重复当"积木循环空指令。

④ 设置不同距离对应的声音警报

距离障碍物的数值越小，声音警报的节拍越快，以便更直观地提示用户注意接近的障碍物。

我们设置当检测到的距离大于 150cm 且小于或等于 250cm 时，以每 2 拍播放一次音符的节奏进行声音警报；当距离大于 60cm 且小于或等于 150cm 时，以每 1/2 拍播放一次音符的节奏进行声音警报；当距离小于或等于 60cm 时，以每 1/4 拍播放一次音符的节奏进行声音警报。

小贴士

　　C、D、E、F、G、A、B 是 do、re、mi、fa、sol、la、si 的音名，3 是八度的编号。

🧩 参考程序

知识库

　　音符是用来表示音高和时值的符号。在简谱中，音高通常用数字 1 ~ 7 表示，1 ~ 7 对应的音名为 do、re、mi、fa、sol、la、si，当数字上方有一个圆点（高音点）时，表示该音升高一个八度；当数字下方有一个圆点（低音点）时，表示该音降低一个八度。时值是指音符演奏时间的长短。常见的音符有全音符、二分音符、四分音符、八分音符、十六分音符、三十二分音符等，它们与全音符的时值比例，以及在以四分音符为 1 拍时的时值，参见音符时值对照表。

音符时值对照表（以四分音符为 1 拍）

名　称	音符写法（以 5 为例）	与全音符的时值比例	时　值
全音符	5———	1	4 拍
二分音符	5—	1：2	2 拍
四分音符	5	1：4	1 拍
八分音符	5	1：8	1/2 拍
十六分音符	5	1：16	1/4 拍
三十二分音符	5	1：32	1/8 拍

脑洞大开

　　思考如何使用超声波传感器模块制作水位警示器。

进阶我会用　**水位警示器**

　　我们一起使用准备清单中的材料和软件制作水位警示器吧。之后，我们通过给现有的容器注水模拟水库水位上涨的情景，检测水位警示器是否可以进行声光警报、显示提示语，以及在水过多时自动放水。

准备清单

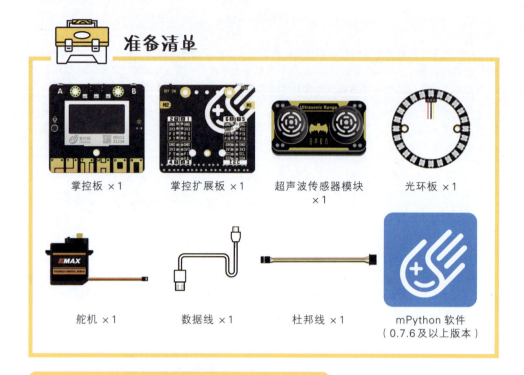

掌控板 ×1　　掌控扩展板 ×1　　超声波传感器模块 ×1　　光环板 ×1

舵机 ×1　　数据线 ×1　　杜邦线 ×1　　mPython 软件（0.7.6 及以上版本）

快速指引

① 连接硬件

② 显示距离水面的数值

③ 设置灯光警报

④ OLED 显示屏显示提示语

⑤ 设置声音警报

⑥ 实现智能开闸功能

 操作步骤

① 连接硬件

按照正确的引脚对应关系先将掌控板和掌控扩展板插到一起，再将舵机、光环板、超声波传感器模块分别连接至掌控扩展板的 P13 引脚、P15 引脚、I^{2}C 引脚。

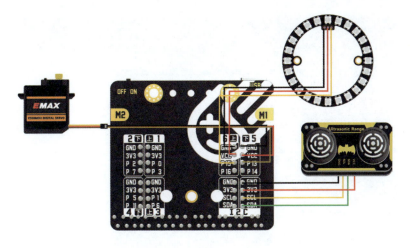

② 显示距离水面的数值

在 OLED 显示屏上显示文字"距离水面"和转为文本的超声波传感器模块测得的值。

```
一直重复
    OLED 显示 清空
    显示文本 x 34 y 16 内容 " 距离水面 " 模式 普通 不换行
    显示文本 x 50 y 32 内容 转为文本 I2C超声波 模式 普通 不换行
    OLED 显示生效
```

③ 设置灯光警报

初始化光环板。设置当超声波传感器模块距离水面大于 30cm 时，不进行灯光警报；当距离水面大于 20cm 且小于或等于 30cm 时，光环板亮蓝光；当距离大于 12cm 且小于或等于 20cm 时，光环板亮黄光；当距离水面大于 7cm 且小于或等于 12cm 时，光环板亮红光。

```
灯带初始化 名称 my_rgb 引脚 P15 数量 24

一直重复
    如果 I2C超声波 > 30
    灯带 my_rgb 全亮 红 0 绿 0 蓝 0
    灯带 my_rgb 设置生效
```

小贴士

此处使用"等待××××"积木间接控制灯光闪烁的频率。

④ OLED 显示屏显示提示语

设置当超声波传感器模块距离水位大于 20cm 且小于或等于 30cm 时，OLED 显示屏显示"注意安全"；当距离大于 12cm 且小于或等于 20cm 时，显示"注意水位"；当距离水面大于 7cm 且小于或等于 12cm 时，显示"警告！警告！"。

⑤ 设置声音警报

设置当超声波传感器模块距离水面大于 12cm 且小于或等于 20cm 时，以每 2 拍播放一次音符的节奏进行声音警报；当距离水面大于 7cm 且小于或等于 12cm 时，以每 1/4 拍播放一次音符的节奏进行声音警报。

⑥ 实现智能开闸功能

当超声波传感器模块检测到距离水面的距离小于或等于 7cm 时，舵机的输出轴会转动，实现开闸放水。

 **参考程序**

```
主程序
灯带初始化 名称 my_rgb 引脚 P15 数量 24
一直重复
    OLED 显示 清空
    显示文本 x 34 y 16 内容 " 距离水面 " 模式 普通 不换行
    显示文本 x 50 y 32 内容 ⊕ 转为文本 I2C超声波 模式 普通 不换行
    OLED 显示生效
    如果 I2C超声波 > 30
        灯带 my_rgb 全亮 红 0 绿 0 蓝 0
        灯带 my_rgb 设置生效
    如果 I2C超声波 ≤ 30 和 I2C超声波 > 20
        灯带 my_rgb 全亮 红 0 绿 0 蓝 220
        灯带 my_rgb 设置生效
        显示文本 x 34 y 48 内容 " 注意安全 " 模式 普通 不换行
        OLED 显示生效
    如果 I2C超声波 ≤ 20 和 I2C超声波 > 12
        灯带 my_rgb 全亮 红 220 绿 220 蓝 0
        灯带 my_rgb 设置生效
        等待 500 毫秒
        灯带 my_rgb 关闭
        播放音符 音符 C3 节拍 2 引脚 默认
        显示文本 x 34 y 48 内容 " 注意水位 " 模式 普通 不换行
        OLED 显示生效
```

```
如果    I2C超声波 ≤ ▾ 12    和 ▾    I2C超声波 > ▾ 7
    灯带 my_rgb 全亮 红 220 绿 0 蓝 0
    灯带 my_rgb 设置生效
    等待 100 毫秒 ▾
    灯带 my_rgb 关闭
    播放音符 音符 C3 节拍 1/4 ▾ 引脚 默认 ▾
    显示文本 x 34 y 48 内容 " 警告！警告！" 模式 普通 ▾ 不换行 ▾
    OLED 显示生效
如果    I2C超声波 ≤ ▾ 7
    设置舵机 P13 ▾ 角度为 60
    等待 3 秒 ▾
否则    设置舵机 P13 ▾ 角度为 90
```

脑洞大开

　　尝试制作其他安全警示器。

第 **8** 课

测量身高仪

在身体生长发育的关键阶段，准确地监测身高并关注身高的变化对了解个体的成长状况至关重要。此时，借助测量身高仪可以便捷地测量身高。本课我们来看看如何制作测量身高仪。

基础我来学　一键测量身高仪

一键测量身高仪的原理是通过计算超声波传感器模块所在位置与其测得的与使用者距离的差值，得出使用者身高的。当按钮模块被按下时，如果使用者在测量范围内，则掌控板上的 RGB 灯亮绿光，

准备清单

掌控板 ×1

掌控扩展板 ×1

按钮模块 ×1

数据线 ×1

杜邦线 ×2

mPython 软件
（0.7.6 及以上版本）

OLED 显示屏显示使用者的身高；如果不在测量范围内，则亮红光，OLED 显示屏显示提示语"不在测量范围内"。

快速指引

① 连接硬件

② 显示使用提示语

③ 实现按钮模块的功能

④ 设置灯光效果

 操作步骤

① 连接硬件

按照正确的引脚对应关系先将掌控板和掌控扩展板插到一起，再按钮模块和超声波传感器模块分别连接至掌控扩展板的 P2 引脚、I²C 引脚。

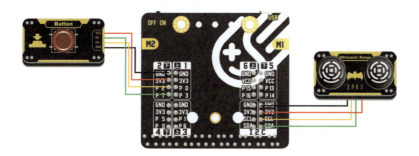

② 显示使用提示语

为了让使用者了解一键测量身高仪的使用方法，在 OLED 显示屏显示使用提示语"按下按钮测量身高"。

③ 实现按钮模块的功能

新建用于表示按钮模块被按下状态的变量 button，并设其初始值为空。然后读取 P2 引脚的值并赋值给变量 button，当按钮模块未被按下时，变量 button 的值为 0；当按钮模块被按下时，变量 button 的值为 1。

新建用于存储超声波传感器模块测得距离的变量 dis，并设其初始值为空。然后将超声波传感器模块测得的赋值给变量 dis，当按钮模块被按下时，如果使用者在测量范围内（变量 dis 的值大于 0 且小于 200），则 OLED 显示屏显示使用者的身高；如果不在测量范围内，则 OLED 显示屏显示提示语"不在测量范围内"。

> **小贴士**
>
> 此处是将超声波传感器模块放在高 2m 的地方使用，所以使用者身高等于 200cm 减去超声波传感器模块测得的与使用者的距离。

小贴士

"如果"积木右侧所接的判断条件也可改为"buttuon=1""buttuon ≠ 0"等。

④ 设置灯光效果

如果使用者在测量范围内，则掌控板上的 RGB 灯亮 3 秒绿光；如果不在测量范围内，则亮 3 秒红光。

参考程序

一直重复
　将变量 button ▾ 设定为　读取引脚 P2 ▾ 数字值
　将变量 dis ▾ 设定为　I2C超声波
　如果　button ▾ > ▾ 0
　　如果　dis ▾ > ▾ 0 和 dis ▾ < ▾ 200
　　　OLED 显示 清空
　　　显示文本 x 10 y 20 内容 "身高为：" 模式 普通 不换行
　　　显示文本 x 60 y 20 内容 转为文本 200 - ▾ dis 模式 普通 不换行
　　　OLED 显示生效
　　　设置 所有 ▾ RGB 灯颜色为 R 0 G 255 B 0
　　否则　OLED 显示 清空
　　　显示文本 x 15 y 20 内容 "不在测量范围内" 模式 普通 不换行
　　　OLED 显示生效
　　　设置 所有 ▾ RGB 灯颜色为 R 255 G 0 B 0
　等待 3 秒 ▾
　关闭 所有 ▾ RGB 灯

脑洞大开

思考如何为一键测量身高仪增添语音播报功能，让使用者能更方便地得知测量数据。

进阶我会用　语音测量身高仪

　　我们使用准备清单中的材料和软件，一起制作语音测量身高仪吧。语音测量身高仪是在一键测量身高仪的基础上增加了语音播报功能，当按下按钮模块时，掌控板板载的扬声器模块会根据实际情况播放使用者的身高或语音"不在测量范围内"。

准备清单

掌控板 ×1

掌控扩展板 ×1

超声波传感器模块 ×1

数据线 ×1

杜邦线 ×2

mPython 软件
（0.7.6 及以上版本）

快速指引

① 连接硬件并编写一键测量身高仪的程序

② 连接网络

③ 获取 APPID、APISecret 和 APIKey

④ 实现语音播报功能

 操作步骤

① 连接硬件并编写一键测量身高仪的程序

　　按照正确的引脚对应关系先将掌控板和掌控扩展板插到一起，再按钮模块和超声波传感器模块分别连接至掌控扩展板的 P2 引脚、I²C 引脚。

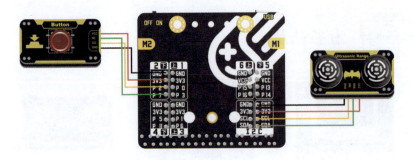

编写一键测量身高仪的程序。

```
主程序
OLED 显示 清空
显示文本 x 16 y 20 内容 " 按下按钮测量身高 " 模式 普通 不换行
OLED 显示生效
将变量 button 设定为 空
将变量 dis 设定为 空
一直重复
    将变量 button 设定为 读取引脚 P2 数字值
    将变量 dis 设定为 I2C超声波
    如果 button > 0
        如果 dis > 0 和 dis < 200
            OLED 显示 清空
            显示文本 x 10 y 20 内容 " 身高为： " 模式 普通 不换行
            显示文本 x 60 y 20 内容 转为文本 200 - dis 模式 普通 不换行
            OLED 显示生效
            设置 所有 RGB 灯颜色为 R 0 G 255 B 0
        否则
            OLED 显示 清空
            显示文本 x 15 y 20 内容 " 不在测量范围内 " 模式 普通 不换行
            OLED 显示生效
            设置 所有 RGB 灯颜色为 R 255 G 0 B 0
        等待 3 秒
        关闭 所有 RGB 灯
```

② 连接网络

我们需要使用"讯飞开放平台"的在线语音识别技术实现语音播报功能，因此要先使用"连接 Wi-Fi 名称 ×× 密码 ××"积木，将掌控板连接到网络。

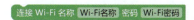

③ 获取 APPID、APISecret 和 APIKey

登录"讯飞开放平台"，创建应用并获取 APPID、APISecret 和 APIKey。

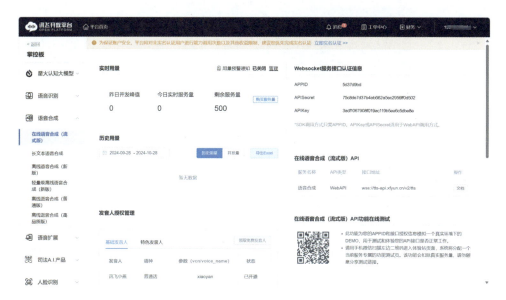

④ 实现语音播报功能

当按钮模块被按下时，进行语音播报。首先使用"音频 初始化"积木，为音频解码，并释放存储空间。然后使用"[讯飞语音] 合成音频 APPID ×× APISecret ×× APIKey ×× 文字内容 ×× 转存为音频文件 ××"积木配置"讯飞语音"服务。最后使用"音频 播放本地 ××"积木，播放语音。

音频 初始化

[讯飞语音] 合成音频
APPID 　"5d37d9bd"
APISecret 　"75c8ed7d37b4eb662a5ec2956ff0d502"
APIKey 　"3adf1067908f019ac119b5ea6c5dbe8e"
文字内容 　转为文本 　"身高为"
　　　　　　　转为文本 　200 － dis
　　　　　　　"厘米"
转存为音频文件 　audio_file
音频 播放本地 　audio_file

[讯飞语音] 合成音频
APPID 　"5d37d9bd"
APISecret 　"75c8ed7d37b4eb662a5ec2956ff0d502"
APIKey 　"3adf1067908f019ac119b5ea6c5dbe8e"
文字内容 　"不在测量范围内"
转存为音频文件 　audio_file
音频 播放本地 　audio_file

参考程序

主程序
连接 Wi-Fi 名称 Wi-Fi名称 密码 Wi-Fi密码
将变量 button 设定为 空
将变量 dis 设定为 空
音频 初始化
一直重复
　OLED 显示 清空
　显示文本 x 16 y 20 内容 "按下按钮测量身高" 模式 普通 不换行
　OLED 显示生效
　将变量 button 设定为 读取引脚 P2 数字值
　将变量 dis 设定为 I2C超声波
　如果 button > 0
　　如果 dis > 0 和 dis < 200
　　OLED 显示 清空
　　显示文本 x 10 y 20 内容 "身高为:" 模式 普通 不换行
　　显示文本 x 60 y 20 内容 转为文本 200 － dis 模式 普通 不换行
　　OLED 显示生效

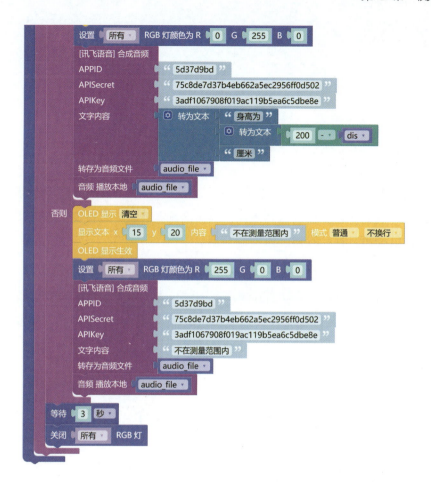

脑洞大开

　　我们生活中还有许多其他的智能测量仪器。你能想到哪些呢？能用掌控板制作出来吗？

噪声检测仪

生理学上定义，任何妨碍人们正常休息、学习、工作，或对人们希望听到的声音造成干扰的声音，都被视为噪声。噪声的来源广泛，包括交通噪声、工业噪声、建筑噪声、社会噪声、家庭噪声等。

分贝（decibel，缩写为 dB）是用于计量声强、电压或功率等相对大小的单位。长时间置身于 85 分贝以上的噪声环境中，人的听力会受到损伤；而噪声超过 120 分贝，甚至有可能导致人耳聋。本课，我们一起使用掌控板制作噪声检测仪，检测一下环境中的声音值吧。

基础我来学 噪声检测仪（基础版）

我们使用准备清单中的材料和软件，利用掌控板具有检测环境中声音值的功能，制作一个噪声检测仪。这个检测仪具备在 OLED 显示屏上实时显示声音值的功能，并且能够根据声音值的大小，点亮光环板的 RGB 灯，实现声音值越大，亮起的 RGB 灯的数量越多的效果。

 准备清单

掌控板 ×1

掌控扩展板 ×1

数据线 ×1

光环板 ×1

mPython 软件（0.7.6 及以上版本）

快速指引

① 连接硬件

② OLED 屏幕显示检测到的声音值

③ 设置亮灯效果

操作步骤

① 连接硬件

按照正确的引脚对应关系先将掌控板和掌控扩展板插到一起，再将光环板连接至掌控扩展板的 P13 引脚。

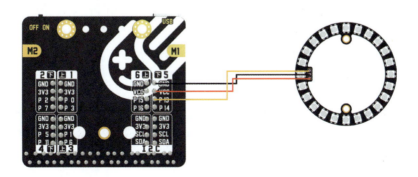

② OLED 屏幕显示检测到的声音值

使用"OLED 显示 ××"积木、"OLED 第 ×× 行显示 ×× 模式 ×× ××"积木和"OLED 显示生效"积木，在 OLED 显示屏第 1 行显示"环境声音值："和声音值。

OLED 显示 清空

OLED 第 [1] 行显示 [✿ 转为文本 " 环境声音值: " 模式 普通 不换行
声音值]

OLED 显示生效

> **小贴士**
>
> 需要使用"转为文本"积木将声音值转为文本后，才能在 OLED 显示屏上显示。

③ 设置亮灯效果

我们先使用"灯带初始化 名称 ×× 引脚 ×× 数量 ××"积木初始化光环板。

灯带初始化 名称 [my_rgb] 引脚 [P13] 数量 [24]

声音值由掌控板板载的声音传感器测得，值的范围是 0 ~ 4095。光环板上共有 24 颗 RGB 灯，RGB 灯的编号为 0 ~ 23。为了实现声音值越大，亮起的灯的数量越多的效果，我们使用"映射 ×× 从 ××，×× 到 ××，××"积木将检测到的声音值从 0 ~ 4095，映射到 0 ~ 23；再使用"使用 ×× 从范围 ×× 到 ×× 每隔 ××"积木编写循环结构，让表示 RGB 灯编号的变量 i 从 0 开始，每次循环增加 1，直至达到映射所得的值为止为一次完整的循环；在循环体内，使用"灯带 ×× ×× 号 颜色为 ××"积木、"灯带 ×× 设置生效"积木和"等待 ×× ××"积木，让编号为变量 i 的 RGB 灯每隔 10 毫秒依次亮起；最后，在一个完整的循环结束后，使用"灯带 ×× 关闭"积木关闭光环板。

使用 [i] 从范围 [0] 到 [int [映射 [声音值] 从 [0]，[4095] 到 [0]，[23]]] 每隔 [1]
    灯带 [my_rgb] [i] 号 颜色为 [🟡]
    灯带 [my_rgb] 设置生效
    等待 [10] 毫秒
灯带 [my_rgb] 关闭

小贴士

　　由于映射所得的值有可能是小数也可能是整数，而 RGB 灯的编号一定是整数，因此使用 "int" 积木，将映射所得的值转为整数。

　　为了提高程序可读性，新建用于存储映射所得整数的变量 vio，并设其初始值为 0。

参考程序

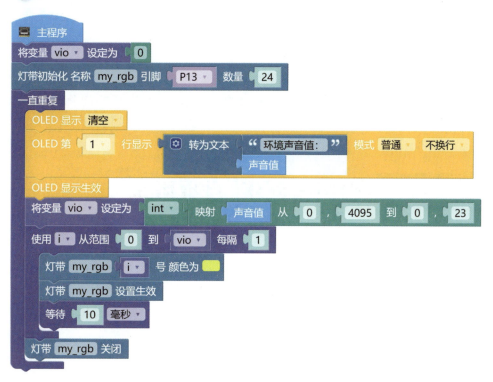

小贴士

使用"一直重复"积木循环执行主要功能所对应的积木，实现实时检测声音值、显示声音值，以及根据声音值亮灯的功能。

知识库

映射，作为一个数学概念，描述了两个集合之间的一种独特对应关系。具体地说，当两个非空集合 A 和 B 之间存在一个特定的对应法则 f 时，对于集合 A 中的任意一个元素 a（原像），都能在集合 B 中找到一个且仅有一个元素 b（像）与之相对应。这种由 A 至 B 的单向且唯一的对应关系就被称为从 A 到 B 的映射，记作 $f: A \rightarrow B$。程序中，使用"映射 ×× 从 ××，×× 到 ××，××"积木实现映射。

元素 a（原像）　　集合 A　　　集合 B

在此情境中，我们可以将声音值（原像）视为集合 A 中的元素，而光环板上 RGB 灯的编号（像）则对应为集合 B 中的元素，因此，每一个声音值都通过一个明确的对应关系被映射到唯一的 RGB 灯的编号上。

脑洞大开

你知道如何让噪声检测仪记录一段时间内检测到的最大声音值吗？快来挑战一下吧！

进阶我会用　噪声检测仪（升级版）

我们为噪声检测仪新增一个可以记录一天中最大环境声音值的功能。具体来说，掌控板的 OLED 显示屏会实时更新显示这一时间段内的最大环境声音值，并且每当新的一天开始时（即 0 点），该记录会自动重置，重新开始计算新的最大环境声音值。

准备清单

掌控板 ×1

掌控扩展板 ×1

数据线 ×1

光环板 ×1

mPython 软件（0.7.6 及以上版本）

快速指引

① 制作噪声检测仪（基础版）

② 新建变量 MAX，记录并显示最大环境声音值

③ 掌控板连接网络，获取当前时间

④ 当时间为 0 点时，重置最大环境声音值

操作步骤

① 制作噪声检测仪（基础版）

　　按照正确的引脚对应关系先将掌控板和掌控扩展板插到一起，再将光环板连接至掌控扩展板的 P13 引脚。然后参考本课基础我来学中的内容，编写程序，制作噪声测量仪（基础版）。

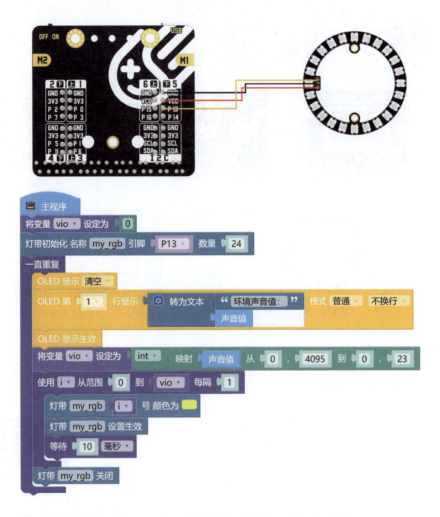

② 新建变量 MAX，记录并显示最大环境声音值

新建用于表示最大环境声音值的变量 MAX，并设其初始值为 0。使用"如果 否则"积木判断当前环境声音值和变量 MAX 的值的大小，如果声音值大，则将声音值赋值给变量 MAX，否则将变量 MAX 的值赋值给变量 MAX，即最大值不变。

使用"OLED 第 ×× 行显示 ×× 模式×× ××"积木、"转为文本"积木等，在 OLED 显示屏第 2 行显示最大环境声音值。

③ 掌控板连接网络，获取当前时间

使用"连接 Wi-Fi 名称 ×× 密码 ××"积木将掌控板连接到网络，再使用"同步网络时间 时区 ×× 授时服务器 ××"积木获取东八区的时间。

④ 当时间为 0 点时，重置最大环境声音值

使用"如果"积木判断获取的时、分、秒是不是同时为 0。如果同时为 0，则将变量 MAX 的值赋为 0，重置最大环境声音值。

参考程序

否则　将变量 MAX ▾ 设定为 MAX ▾

⚙ 如果 本地时间 时 ▾ = ▾ 0 和 ▾ 本地时间 分 ▾ = ▾ 0 和 ▾ 本地时间 秒 ▾ = ▾ 0

将变量 MAX ▾ 设定为 0

OLED 显示 清空

OLED 第 1 行显示 ⚙ 转为文本 " 环境声音值： " 模式 普通 ▾ 不换行 ▾
声音值

OLED 第 2 行显示 ⚙ 转为文本 " 最大环境声音值： " 模式 普通 ▾ 不换行 ▾
MAX ▾

OLED 显示生效

将变量 vio ▾ 设定为 int ▾ 映射 声音值 从 0 , 4095 到 0 , 23

使用 i ▾ 从范围 0 到 vio ▾ 每隔 1

灯带 my_rgb i ▾ 号 颜色为

灯带 my_rgb 设置生效

等待 10 毫秒 ▾

灯带 my_rgb 关闭

脑洞大开

考虑如何实现在同一终端上展示来自多个地区的声音值。

计数器

计数是一种简单的数学行为，主要用于确定或记录对象的数量。随着统计需求的增长，计数器应运而生，极大地便利了人们的计数工作。本课，我们将一起了解两种常见的计数器——按键计数器和摇一摇计数器的制作方法。

基础我来学　按键计数器

我们使用准备清单中的材料和软件，一起制作按键计数器吧。每当用户按下一次按键，按键计数器便计数一次，并通过 OLED 显示屏实时显示当前的计数值。

 准备清单

掌控板 ×1

数据线 ×1

mPython 软件
（0.7.6 及以上版本）

快速指引

① 设置提示语

② 实现计数功能

③ 显示计数值

 **操作步骤**

① 设置提示语

使用"OLED 显示 ××"积木、"显示文本 x×× y×× 内容 ×× 模式×× ××"积木、"OLED 显示生效"积木、"等待 ×× ××"积木，在 OLED 显示屏上显示 2 秒的提示语"按下按键 A，加 1""按下按键 B，减 1"。

```
OLED 显示 清空
显示文本 x  30  y  15  内容  " 按下按键A，加1 "  模式 普通  不换行
显示文本 x  30  y  35  内容  " 按下按键B，减1 "  模式 普通  不换行
OLED 显示生效
等待  2  秒
```

② 实现计数功能

新建用于表示按键被按下次数的变量 s，并设其初始值为 0。使用"如果"积木判断按键 A 是否被按下，如果已被按下，则将变量 s 的值增加 1。为了避免长按按键 A，变量 s 的值会频繁发生变化，使用"重复当"积木循环空指令。

同理，编写程序，定义按键 B 的功能，当按键 B 被按下时，变量 s 的值减少 1。

将变量 s 设定为 0

如果 按键 A 已经按下
将变量 s 的值增加 1
重复当 按键 A 已经按下

如果 按键 B 已经按下
将变量 s 的值增加 -1
重复当 按键 B 已经按下

③ 显示计数值

先使用"转为文本"积木将变量 s 的值转为文本。再使用"OLED 显示 ××"积木、"显示文本 x×× y×× 内容×× 模式×× ××"积木、"OLED 显示生效"积木,在 OLED 显示屏上显示已转为文本的变量 s 的值。

OLED 显示 清空
显示文本 x 60 y 25 内容 转为文本 s 模式 普通 不换行
OLED 显示生效

参考程序

主程序
将变量 s 设定为 0
OLED 显示 清空
显示文本 x 30 y 15 内容 " 按下按键A,加1 " 模式 普通 不换行
显示文本 x 30 y 35 内容 " 按下按键B,减1 " 模式 普通 不换行
OLED 显示生效
等待 2 秒
一直重复
　如果 按键 A 已经按下
　　将变量 s 的值增加 1
　　重复当 按键 A 已经按下

　如果 按键 B 已经按下
　　将变量 s 的值增加 -1
　　重复当 按键 B 已经按下

```
OLED 显示  清空
显示文本 x  60  y  25  内容  转为文本  s ▾  模式  普通  不换行
OLED 显示生效
```

小贴士

使用"一直重复"积木，循环②和③的程序，完善按键计数器的功能，使其可以一次记录更多的数并可以实时显示计数值。

脑洞大开

按键计数器是通过记录对应按键被按下的次数来计数的。那么如何制作一个通过记录设备被摇晃的次数来计数的计数器呢？

进阶我会用 摇一摇计数器

摇一摇计数器是每当掌控板被摇晃一次，便计数一次，并通过 OLED 显示屏实时显示当前的计数值的工具。我们使用准备清单中的材料和软件，一起制作它吧。

准备清单

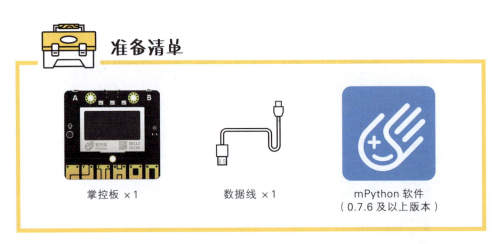

掌控板 ×1　　　　　数据线 ×1　　　　　mPython 软件
（0.7.6 及以上版本）

快速指引

① 设置提示语
② 实现计数功能
③ 实时显示计数值

 操作步骤

① 设置提示语

使用"OLED 显示 ××"积木、"显示文本 x×× y×× 内容 ×× 模式×× ××"积木、"OLED 显示生效"积木、"等待 ×× ××"积木，在 OLED 显示屏上显示 200 毫秒的提示语"请大力摇晃掌控板吧！"

OLED 显示 清空
显示文本 x 15 y 25 内容 " 请大力摇晃掌控板吧！ " 模式 普通 不换行
OLED 显示生效
等待 200 毫秒 ▾

② 实现计数功能

新建用于表示掌控板被摇晃次数的变量 s，并设其初始值为 0。使用"当掌控板 ×× 时"积木、"将变量 ×× 的值增加"积木，设置当掌控板被摇晃时，变量 s 的值加 1，从而实现计数功能。

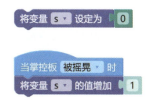

将变量 s ▾ 设定为 0

当掌控板 被摇晃 ▾ 时
将变量 s ▾ 的值增加 1

③ 实时显示计数值

先使用"转为文本"积木将变量 s 的值转为文本。再使用"OLED 显示××"积木、"显示文本 x×× y×× 内容×× 模式×× ××"积木、"OLED 显示生效"积木，在 OLED 显示屏上显示转为文本的变量 s 的值。最后使用"一直重复"积木，实现实时显示计数值的功能。

```
一直重复
    OLED 显示 清空
    显示文本 x 60 y 25 内容 ⚙ 转为文本 s 模式 普通 不换行
    OLED 显示生效
```

参考程序

```
当掌控板 被摇晃 时
将变量 s 的值增加 1
```

```
主程序
将变量 s 设定为 0
OLED 显示 清空
显示文本 x 15 y 25 内容 " 请大力摇晃掌控板吧！ " 模式 普通 不换行
OLED 显示生效
等待 200 毫秒
一直重复
    OLED 显示 清空
    显示文本 x 60 y 25 内容 ⚙ 转为文本 s 模式 普通 不换行
    OLED 显示生效
```

脑洞大开

你知道如何制作跳绳计数器吗？

物联网远程控制

物联网（internet of things，IoT）作为新一代信息技术的重要组成部分，正以前所未有的速度改变着我们的生活方式。它通过将各种信息传感设备与互联网结合起来形成一个巨大网络，为人与物、物与物之间的智能化识别、定位、跟踪、监控和管理提供了可能。

在物联网的广阔生态中，消息队列遥测传输（message queuing telemetry transport，MQTT）协议凭借其轻量级、低开销、高可靠性和易于实现的特点，被广泛应用于智能家居、智慧城市、工业自动化、远程遥控灯领域，成为物联网通信中不可或缺的一部分。

本课，我们一起来体验基于物联网的制作。

基础我来学 远程绘圆

我们使用准备清单中的材料和软件，先了解如何使用掌控 IoT 平台发送消息，再在掌控板上实现远程绘圆的功能吧。

 准备清单

掌控板 ×1

数据线 ×1

mPython 软件
（0.7.6 及以上版本）

快速指引

① 创建"远程绘圆"项目

② 将掌控板接入物联网平台

③ 设置提示语

④ 掌控板接收掌控 IOT 平台的消息

⑤ 掌控板根据消息绘圆

⑥ 测试远程绘圆功能

 ## 操作步骤

① 创建"远程绘圆"项目

在搜索引擎中检索并进入"掌控 IOT 平台"。按提示注册并登录平台后，点击导航栏中的"项目管理"，再添加"添加项目"，按提示创建"远程绘圆"项目。

② 将掌控板接入物联网平台

　　首先在 mPython 软件左侧的"扩展"中，点击"网络应用"分类，加载"MQTT 物联网"模块。然后使用"连接 Wi-Fi 名称 ×× 密码 ××"积木、"MQTT 掌控 IOT 平台 client_id user password"积木和"连接 MQTT"积木，将掌控板接入物联网平台。

　　积木中的参数需要在"掌控 IOT 平台"获取。获取参数的操作是，在"远程绘圆"项目中，点击"设备：0 个"右侧的"查看"，按提示添加设备；成功添加设备后，点击"设备管理"，找到设备对应的"client_id""user""password"信息，即参数。

设备成功接入物联网平台后，我们可以在掌控 IOT 平台看到设备已经在线。

③ 设置提示语

使用"OLED 显示××"积木、"显示文本 x×× y×× 内容×× 模式×× ××"积木、"OLED 显示生效"积木，在 OLED 显示屏显示提示语"请输入小于 30 的整数""作为圆的半径"。

```
OLED 显示 清空
OLED 第 1 行显示 " 请输入小于30的整数 " 模式 普通 不换行
OLED 第 2 行显示 " 作为圆的半径 " 模式 普通 不换行
OLED 显示生效
```

④ 掌控板接收掌控 IOT 平台的消息

主题是 MQTT 协议的一种寻址方式，用于订阅 / 发布消息。每个主题都有自己的生命周期，当收发数据量达到上限时，主题的生命周期结束，也就是主题不可再使用。在掌控 IOT 平台的"远程绘圆"项目中，点击"主题：1 个"右侧的"查看，可以看到主题名称。

使用"当从主题 × × 接收到消息时"积木和"从 MQTT 收到的消息"积木，让掌控板接收掌控 IOT 平台发送的消息。使用"int"积木将收到的消息转为整型数据。

⑤ 掌控板根据消息绘圆

当掌控板收到的消息的值大于 0 且小于 30 时，值被作为圆的半径。此时，OLED 显示屏显示半径的数值，并以（64，32）为圆心，绘制对应半径大小的圆。

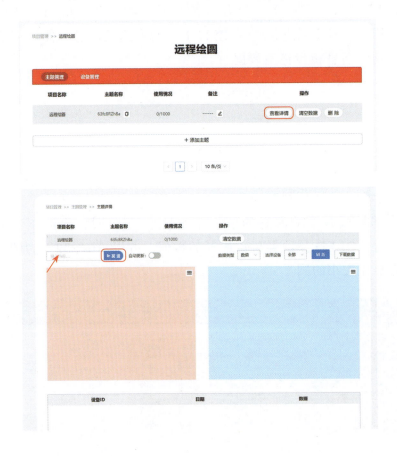

⑥ 测试远程绘圆功能

在主题管理页面，点击"查看详情"后，跳转至新页面，在该页面输入数字，接着点击"发送"，将消息发送给掌控板。随后，检查掌控板上的 OLED 显示屏是否成功显示对应半径的圆，以完成功能测试。

参考程序

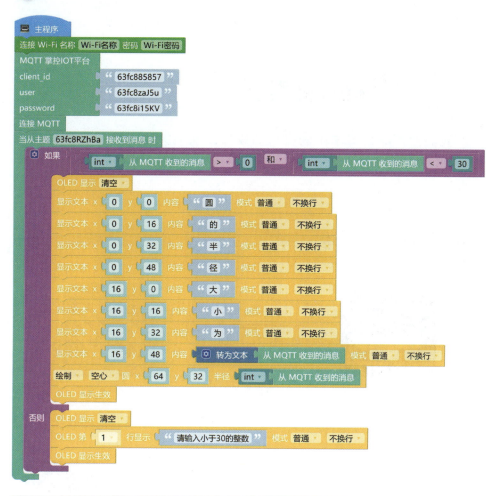

知识库

物联网平台的功能包括设备接入、数据采集、数据存储、数据分析、数据处理、设备管理、设备监控等。除了本课所用的掌控 IOT 平台，市场常见的物联网平台，有阿里云 IoT、Link 物联网平台、百度智能云天工物联网平台、腾讯 QQ 物联智能硬件开放平台（简称 "QQ 物联"）、OneNET（中国移动物联网开放平台）等。为了满足用户多样化的选择需求，mPython 软件内置支持接入 OneNET、QQ 物联、SIoT、EasyIoT、Blynk 等物联网平台的模块。我们可以尝试应用这些不同的物联网平台来丰富我们的实践。

脑洞大开

你还能想到什么物联网应用吗？尝试使用掌控 IOT 平台挑战一下吧！

 进阶我会用 **远程报警器**

我们使用准备清单中的材料和软件，基于掌控 IOT 平台制作远程报警器。当掌控板的按键 A 被按下时，掌控 IOT 平台可以收到报警信息。

准备清单

掌控板 ×1   数据线 ×1   mPython 软件
（0.7.6 及以上版本）

快速指引

① 将掌控板接入物联网平台

② 定义按键功能

③ 查看报警信息

 操作步骤

① 将掌控板接入物联网平台

在掌控 IOT 平台中添加"远程报警器"项目，并在"设备管理"

中获取设备的"client_id""user""password"信息。然后使用"连接 Wi-Fi 名称 ×× 密码 ××"积木、"MQTT 掌控 IOT 平台 client_id user password"积木和"连接 MQTT"积木,将掌控板接入物联网平台。

② 定义按键功能

在掌控 IOT 平台的"主题管理"中找到主题名称。设置当按键 A 被按下时,向该主题发布内容为"help"的消息。

③ 查看报警信息

在掌控 IOT 平台的"主题管理"中，点击"操作"下方的"查看详情"，查看报警信息。查看信息时需要注意的是，要选择正确的数据类型。此处我们将数据类型选为"文本"。

 **参考程序**

当按键 A ▼ 被 按下 ▼ 时
发布 " hello " 至 主题 " 63fc8tJJTr "

脑洞大开

思考一下，我们制作的远程报警器可以应用于哪些情景中。

物联网智能台灯

从璀璨夺目的霓虹灯，到高效节能的 LED 灯，再到柔和舒适的日光灯，灯给我们的生活带来了巨大的改变。我们一起基于物联网制作一盏智能台灯吧。

基础我来学　智能台灯（基础版）

智能台灯共有 3 种模式：学习模式、照明模式、省电模式。在学习模式下，光环板亮黄光；在照明模式下，光环板亮白光；在省电模式下，每隔 10 秒检测一次环境中的声音值，若检测到的声音值大于 500，则光环板亮黄光，若不大于 500，则光环板熄灭。我们通过 MQTT 协议将掌控板接入掌控 IOT 平台，在掌控 IOT 平台中发送特定消息，如"xuexi""zhaoming""shengdian""guanbi"，可以实现远程控制台灯进入不同的模式或关灯。

 准备清单

掌控板 ×1　　　　掌控扩展板 ×1　　　　数据线 ×1

光环板 ×1   mPython 软件（0.7.6 及以上版本）

快速指引

① 连接硬件

② 将掌控板接入掌控 IOT 平台

③ 设置收到不同消息时的灯效

④ 下发命令，测试功能

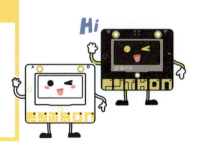

 ## 操作步骤

① 连接硬件

按照正确的引脚对应关系先将掌控板和掌控扩展板插到一起，再将光环板连接至掌控扩展板的 P13 引脚。

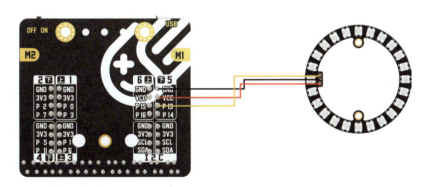

② 将掌控板接入掌控 IOT 平台

在掌控 IOT 平台中添加"智能台灯"项目，并在项目中添加设备。再在"设备管理"中获取设备的"client_id""user""password"信息。然后使用"连接 Wi-Fi 名称 ×× 密码 ××"积木、"MQTT 掌控 IOT 平台 client_id user password"积木和"连接 MQTT"积木，将掌控板接入物联网平台。

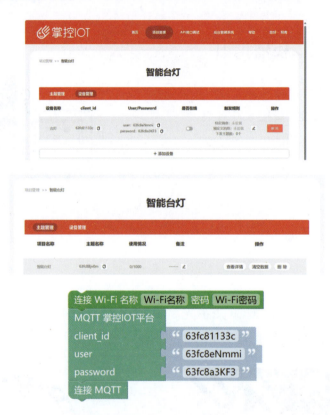

③ 设置收到不同消息时的灯效

使用"灯带初始化 名称 ×× 引脚 ×× 数量 ××"积木初始化光环板。使用"当从掌控 IOT 平台接收到特定消息 ×× 时"积木，编写收到不同消息时的程序，实现在收到消息"xuexi"时，光环板亮黄光；在收到消息"zhaoming"时，光环板亮白光；在收到消息"shengdian"时，若声音值大于 500，则光环板亮黄光，若不大于 500，则光环板熄灭的效果；在收到消息"guanbi"时，关闭光环板。

④ 下发命令，测试功能

编写完程序后，将程序烧录到掌控板中运行。程序成功运行后，返回掌控 IOT 平台，在主题管理页面，点击"查看详情"，再在新页面中输入并发送消息，测试光环板能否执行相应的功能。

 **参考程序**

主程序
连接 Wi-Fi 名称 Wi-Fi名称 密码 Wi-Fi密码
MQTT 掌控IOT平台
client_id   " 63fc81133c "
user   " 63fc8eNmmi "
password   " 63fc8a3KF3 "
连接 MQTT
灯带初始化 名称 my_rgb 引脚 P13 数量 24
当从主题 63fc8Bjv0m 接收到消息 时
  如果 从 MQTT 收到的消息 = " xuexi "
    灯带 my_rgb 全亮 颜色 ⬜
  如果 从 MQTT 收到的消息 = " zhaoming "
    灯带 my_rgb 全亮 颜色 ⬜
  如果 从 MQTT 收到的消息 = " guanbi "
    灯带 my_rgb 关闭
  如果 从 MQTT 收到的消息 = " shengdian "
    灯带 my_rgb 关闭
    如果 声音值 > 500
      灯带 my_rgb 全亮 颜色 ⬜
      灯带 my_rgb 设置生效
      等待 10 秒
    否则 灯带 my_rgb 关闭
  灯带 my_rgb 设置生效

脑洞大开

物联网平台除能远程下发命令（发送消息）外，能接收消息吗？快来用掌控板和掌控
IOT 平台试一试吧。

进阶我会用 **智能台灯（升级版）**

　　我们对智能台灯进行升级，使智能台灯具有调节亮度、检测声音值和光线值的功能，并且 OLED 显示屏会同步显示智能台灯的模式、亮度，以及检测到的声音值和光线值。此外，检测到的声音值和光线值会发送到物联网平台。

准备清单

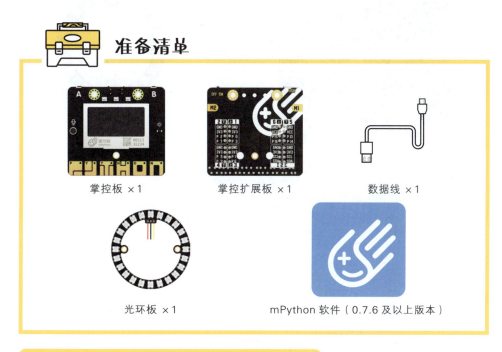

掌控板 ×1　　　　　　掌控扩展板 ×1　　　　　　数据线 ×1

光环板 ×1　　　　　　mPython 软件（0.7.6 及以上版本）

快速指引

① 制作智能台灯（基础版）

② 实现调节亮度的功能

③ 掌控 IOT 平台接收光线值和声音值

④ 设置 OLED 显示屏和灯效

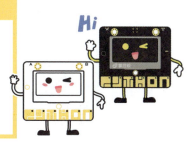

 **操作步骤**

① 制作智能台灯（基础版）

按照正确的引脚对应关系先将掌控板和掌控扩展板插到一起，再将光环板连接至掌控扩展板的 P13 引脚。然后参考本课基础我来学中的内容，配置掌控 IOT 平台，编写程序，制作智能台灯（基础版）。

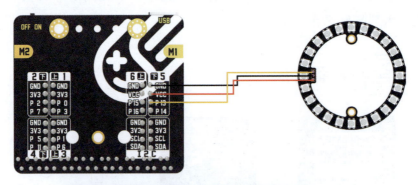

灯带初始化 名称 my_rgb 引脚 P13 数量 24

当从主题 63fc8Bjv0m 接收到消息 时

如果 从 MQTT 收到的消息 = "xuexi"
　灯带 my_rgb 全亮 颜色 ▢

如果 从 MQTT 收到的消息 = "zhaoming"
　灯带 my_rgb 全亮 颜色 ▢

如果 从 MQTT 收到的消息 = "guanbi"
　灯带 my_rgb 关闭

如果 从 MQTT 收到的消息 = "shengdian"
　灯带 my_rgb 关闭
　如果 声音值 > 500
　　灯带 my_rgb 全亮 颜色 ▢
　　灯带 my_rgb 设置生效
　　等待 10 秒
　否则 灯带 my_rgb 关闭
灯带 my_rgb 设置生效

② 实现调节亮度的功能

使用"如果"积木，判断接收到的消息是不是 0 ~ 100 的数字，如果是 0 ~ 100 的数字，则使用"int"积木处理该消息，将其作为亮度值；使用"灯带 ×× 全亮 颜色 ××"积木令光环板亮白光；使用"灯带 ×× 设置亮度为 ××"积木、"灯带 ×× 设置生效"积木等，根据处理后的亮度值设置光环板的亮度。光环板的亮度通过掌控 IOT 平台发送的消息进行调节。

③ 掌控 IOT 平台接收光线值和声音值

在掌控 IOT 平台上，新建两个主题，一个用于接收从掌控板发送的光线值，另一个用于接收从掌控板发送的声音值。

编写程序，使用"一直重复"积木、"发布 ×× 至 主题 ××"积木、"等待 ×× ××"积木，实现每隔 60 秒向对应主题发送一次光线值和声音值。

④ 设置 OLED 显示屏

设置 OLED 显示屏在初始状态下显示"请选择模式！""当前亮度值：100"；在"学习模式"下，显示"学习模式"；在"省电模式"下，显示"省电模式"；在"照明模式"下，显示"照明模式"；当掌控 IOT 平台发送消息"guanbi"时，清空 OLED 显示屏；当掌控 IOT 平台发送 0 ~ 100 的数字时，OLED 显示屏显示对应的数字，即光环板的亮度值。

```
OLED 显示 清空
显示文本 x 25 y 0 内容 "请选择模式！" 模式 普通 不换行
显示文本 x 20 y 48 内容 "当前亮度值：" 模式 普通 不换行
显示文本 x 80 y 48 内容 "100" 模式 普通 不换行
OLED 显示生效

当从主题 63fc8Bjv0m 接收到消息 时
  OLED 清除第 1 行
  如果 从 MQTT 收到的消息 = "xuexi"
    OLED 第 1 行显示 "学习模式" 模式 普通 不换行
    灯带 my_rgb 全亮 颜色
  如果 从 MQTT 收到的消息 = "zhaoming"
    OLED 第 1 行显示 "照明模式" 模式 普通 不换行
    灯带 my_rgb 全亮 颜色
  如果 从 MQTT 收到的消息 = "guanbi"
    OLED 显示 清空
    灯带 my_rgb 关闭
  如果 从 MQTT 收到的消息 = "shengdian"
    OLED 第 1 行显示 "省电模式" 模式 普通 不换行
    灯带 my_rgb 关闭
    如果 声音值 > 500
      灯带 my_rgb 全亮 颜色
      灯带 my_rgb 设置生效
      等待 10 秒
    否则 灯带 my_rgb 关闭
  如果 从 MQTT 收到的消息 = 转字节 转为文本 从 0 到 100 之间的随机整数
    灯带 my_rgb 全亮 颜色
    灯带 my_rgb 设置亮度为 int 从 MQTT 收到的消息
    OLED 第 1 行显示 从 MQTT 收到的消息 模式 普通 不换行
  灯带 my_rgb 设置生效
  OLED 显示生效
```

参考程序

```
主程序
连接 Wi-Fi 名称 [Wi-Fi名称] 密码 [Wi-Fi密码]
MQTT 掌控IOT平台
    client id        " 63fc81133c "
    user             " 63fc8eNmmi "
    password         " 63fc8a3KF3 "
连接 MQTT
灯带初始化 名称 [my_rgb] 引脚 [P13] 数量 [24]
OLED 显示 清空
显示文本 x [25] y [0] 内容 " 请选择模式! " 模式 普通 不换行
显示文本 x [20] y [48] 内容 " 当前亮度值: " 模式 普通 不换行
显示文本 x [80] y [48] 内容 " 100 " 模式 普通 不换行
OLED 显示生效
当从主题 [63fc8Bjv0m] 接收到消息 时
    OLED 清除第 [1] 行
    如果  从 MQTT 收到的消息 = " xuexi "
        OLED 第 [1] 行显示 " 学习模式 " 模式 普通 不换行
        灯带 [my_rgb] 全亮 颜色 [ ]
    如果  从 MQTT 收到的消息 = " zhaoming "
        OLED 第 [1] 行显示 " 照明模式 " 模式 普通 不换行
        灯带 [my_rgb] 全亮 颜色 [ ]
    如果  从 MQTT 收到的消息 = " guanbi "
        OLED 显示 清空
        灯带 [my_rgb] 关闭
    如果  从 MQTT 收到的消息 = " shengdian "
        OLED 第 [1] 行显示 " 省电模式 " 模式 普通 不换行
        灯带 [my_rgb] 关闭
        如果  声音值 > [500]
            灯带 [my_rgb] 全亮 颜色 [ ]
            灯带 [my_rgb] 设置生效
            等待 [10] 秒
        否则  灯带 [my_rgb] 关闭
    如果  从 MQTT 收到的消息 = 转字节 转为文本 从 [0] 列 [100] 之间的随机整数
        灯带 [my_rgb] 全亮 颜色 [ ]
        灯带 [my_rgb] 设置亮度为 int 从 MQTT 收到的消息
        OLED 第 [1] 行显示 从 MQTT 收到的消息 模式 普通 不换行
    灯带 [my_rgb] 设置生效
    OLED 显示生效
一直重复
    发布 光线值 至 主题 " 63fc8U4x67 "
    发布 声音值 至 主题 " 63fc8eGoEn "
    等待 [60] 秒
```

> **脑洞大开**
>
> 思考一下发送至物联网平台上的光线值和声音值有什么用途。

小程序遥控应用

微信小程序是一款轻量、便捷的应用程序。用户无须下载、安装、注册，仅凭微信内置的"扫一扫"或"搜一搜"功能，即可使用小程序。而掌控板凭借无线网络技术和无线接入功能，可轻松与其他设备连接。那么，微信小程序与掌控板会产生什么样的创意火花呢？接下来，就让我们一起在本课中探索吧。

基础我来学 遥控调光灯

我们使用准备清单中的材料和软件制作一盏通过微信小程序遥控调光的灯，实现按下小程序中的"按钮"，打开或关闭灯；滑动小程序中的"滑块"，调节灯的亮度。

 准备清单

掌控板 ×1

掌控扩展板 ×1

数据线 ×1

光环板 ×1

mPython 软件（0.7.6 及以上版本）

快速指引

① 连接硬件

② 配置微信小程序

③ 配置掌控板，连接微信小程序

④ 添加组件

⑤ 编写开关灯及调光程序

 操作步骤

① 连接硬件

按照正确的引脚对应关系先将掌控板和掌控扩展板插到一起，再将光环板连接至掌控扩展板的 P13 引脚。

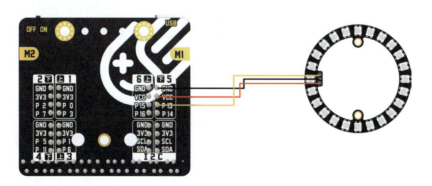

② 配置微信小程序

在微信软件中，搜索"掌控 IoT"并打开相关小程序，再根据提示完成登录。

在小程序的项目管理页面，点击"添加项目"，填写项目名称"遥控调光灯"，再点击"添加"。

添加项目后点击"设备"后面的"查看"进入设备管理页面。

点击设备管理页面的"添加设备"，输入设备名称"调光灯"，然后点击"添加"，完成微信小程序的配置，并获取 client_id、User、Password 的信息。

> **小贴士**
> 设备名称可自由设定。

③ 配置掌控板，连接微信小程序

使用"连接 Wi-Fi 名称 ×× 密码 ××"积木，将掌控板连接到网络。点击 mPython 软件左侧"高级"下拉单中的"微信小程序"，使用"MQTT 掌控 IOT 平台 client_id user password"积木、"连接 MQTT"积木，以及从微信小程序中获取的 client_id、User、Password 信息，配置掌控板。将程序烧录至掌控板后，运行掌控板进行测试，如果成功连接到微信小程序，那么微信小程序的设备管理页面会显示"在线"。

④ 添加组件

在微信小程序的项目管理页面，点击"可视化界面"。然后点击新页面中的"添加组件"，分别添加"开关"组件和"滑块"组件。

小贴士

添加组件时，主题选项选择小程序默认生成的主题编号。

⑤ 编写开关灯及调光程序

使用"当从主题 ×× 接收到消息时"积木、"打印"积木和"从 MQTT 收到的消息"积木，测试"开关"组件和"滑块"组件的返回值。返回值可在 mPython 的控制台中查看。由测试可得，当微信小程序"开关"组件的圆点处于右侧时，返回值为"true"；当圆点处于左侧时，返回值为"false"。而"滑块"组件的圆点从最左端滑动至最右端，返回值从 0 变化至 100。前者不能被"int"积木处理，而后者可以被"int"积木处理。

根据组件的返回值及其是否可以被"int"积木处理的特性，编写程序。定义一个用于接收返回值的变量 a。使用"try except"积木对返回值进行判断，如果返回值是由"滑块"组件返回的数值，则使用"int"积木进行处理，并将处理结果赋值给变量 a，令光环板亮白光，亮度为变量 a 的值；如果返回值是由"开关"组件返回的"true"或"false"，则无法使用"int"积木进行处理，此时直接将返回值赋值给变量 a，并根据返回值开灯或关灯。

当从主题 `63fc8oKnsg` 接收到消息 时
    打印 从 MQTT 收到的消息

```
□ 控制台                    中断  重置

=$%#=
Connection WiFi...
WiFi(██,-46dBm) Connection Successf
ul, Config:('192.168.43.164', '255.25
5.255.0', '192.168.43.1', '192.168.43
.1')
Connected
MicroPython v2.4.0-44-g44e73b8-dirty
on 2024-04-12; labplus-Ledong with ES
P32
Type "help()" for more information.
>>> 0
true
false
31
53
100
0
```

将变量 a 设定为 空
当从主题 `63fc8oKnsg` 接收到消息 时
  try
    将变量 a 设定为 int 从 MQTT 收到的消息
    灯带 my_rgb 全亮 颜色 ⬜
    灯带 my_rgb 设置亮度为 int 从 MQTT 收到的消息
    灯带 my_rgb 设置生效
  except
    将变量 a 设定为 从 MQTT 收到的消息
    ⚙ 如果 a = " true "
      灯带 my_rgb 全亮 颜色 ⬜
      灯带 my_rgb 设置生效
    ⚙ 如果 a = " false "
      灯带 my_rgb 关闭

小贴士

    "try except" 积木会先对 "try" 中嵌套的积木进行判断，如果不出现错误就继续执行 "try" 中嵌套的积木；如果出现错误，则程序不对此报错，直接执行 "except" 中嵌套的积木。

参考程序

```
主程序
连接 Wi-Fi 名称 [Wi-Fi名称] 密码 [Wi-Fi密码]
灯带初始化 名称 [my_rgb] 引脚 [P13] 数量 [24]
MQTT 掌控IOT平台
  client_id     " 63fc8f133f "
  user          " 63fc8P6YkZ "
  password      " 63fc8k3vEk "
连接 MQTT
将变量 [a ▾] 设定为 [空]
当从主题 [63fc8oKnsg] 接收到消息 时
  try      将变量 [a ▾] 设定为 [int ▾] 从 MQTT 收到的消息
           灯带 [my_rgb] 全亮 颜色 [ ]
           灯带 [my_rgb] 设置亮度为 [int ▾] 从 MQTT 收到的消息
           灯带 [my_rgb] 设置生效
  except   将变量 [a ▾] 设定为 [从 MQTT 收到的消息]
           ⚙ 如果 [a ▾] [= ▾] " true "
              灯带 [my_rgb] 全亮 颜色 [ ]
              灯带 [my_rgb] 设置生效
           ⚙ 如果 [a ▾] [= ▾] " false "
              灯带 [my_rgb] 关闭
```

> **脑洞大开**
> 你知道如何使用微信小程序控制小车吗？赶紧挑战一下吧！

进阶我会用　遥控小车

我们用准备清单中的材料制作小车，使用微信小程序作为控制端。按下小程序中的"按钮"，小车鸣笛（掌控板板载蜂鸣器发声）；在小程序中的输入框中输入并发送相关消息，控制小车的行进（方向与速度）、停止、亮灭灯等行为。

准备清单

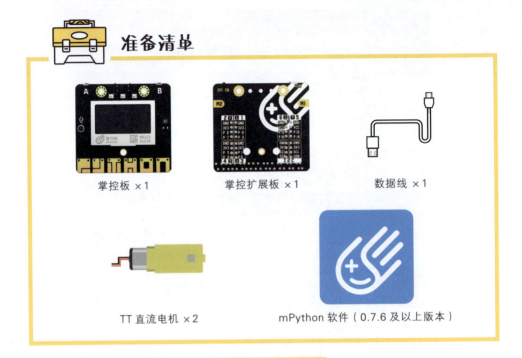

掌控板 ×1　　掌控扩展板 ×1　　数据线 ×1

TT 直流电机 ×2　　mPython 软件（0.7.6 及以上版本）

快速指引

① 连接硬件

② 配置微信小程序

③ 配置掌控板，连接微信小程序

④ 添加组件，测试返回值

⑤ 编写鸣笛程序

⑥ 编写控制行进、停止、灯光的程序

 操作步骤

① 连接硬件

按照正确的引脚对应关系先将掌控板和掌控扩展板插到一起，再两个直流电机分别连接至掌控扩展板的 M1 和 M2 引脚。

② 配置微信小程序

参考本课"基础我来学"中的内容，在"掌控板 IoT"小程序中，添加名为"遥控小车"的项目和名为"小车"的设备。

③ 配置掌控板，连接微信小程序

参考本课"基础我来学"中的内容，使用"连接 Wi-Fi 名称 × × 密码 × ×"积木、"MQTT 掌控 IOT 平台 client_id user password"积木、"连接 MQTT"积木等，配置掌控板，将掌控板连接至微信小程序。

④ 添加组件，测试返回值

在微信小程序的项目管理页面，点击"可视化界面"。然后点击新页面中的"添加组件"，添加"按钮"组件和"发送框"组件。

在 mPython 软件中，使用"当从主题 ×× 接收到消息时"积木、"打印"积木和"从 MQTT 收到的消息"积木，测试"按钮"组件的返回值。当按下"按钮"组件时，返回值为 1。

⑤ 编写鸣笛程序

当按下"按钮"组件时，返回值为 1，编写鸣笛程序。即如果从 MQTT 收到的消息为 1 时，播放音符。

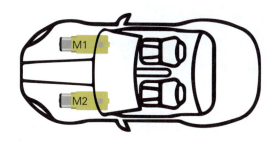

⑥ 编写控制行进、停止、灯光的程序

小车的行进或停止是通过直流电机带动车轮转动或停止实现的。TT 直流电机的位置会影响程序的编写。本案例是按照下图安装 TT 直流电机和车轮的。

小程序中的消息与小车的行为对应关系如"消息与行为对照表"所示。我们根据表中的对应关系编写相应的程序。

消息与行为对照表

消　息	行　为	备　注
qj	向前行进	M1 引脚所接的 TT 直流电机正转；M2 引脚所接的 TT 直流电机反转
ht	向后行进、车灯闪烁 3 次黄光	M1 引脚所接的 TT 直流电机反转；M2 引脚所接的 TT 直流电机正转；所有 RGB 灯闪烁 3 次黄光
zz	左转弯、左车灯闪烁 3 次红光	M1 引脚所接的 TT 直流电机正转；M2 引脚所接的 TT 直流电机停止转动；0 号 RGB 灯闪烁 3 次红光
yz	右转弯、右车灯闪烁 3 次红光	M1 引脚所接的 TT 直流电机停止转动；M2 引脚所接的直流电机反转；2 号 RGB 灯闪烁 3 次红光
tz	停　止	2 个 TT 直流电机停止转动

> **小贴士**
> 掌控板板载的 RGB 灯，从左到右的编号为 0、1、2。

```
重复  3  次
    关闭  所有 ▼  RGB 灯
    等待  500  毫秒 ▼
    设置  2 # ▼  RGB 灯颜色为 R  255  G  0  B  0
    等待  500  毫秒 ▼
```

参考程序

```
主程序
连接 Wi-Fi 名称  Wi-Fi名称   密码  Wi-Fi密码
MQTT 掌控IOT平台
client_id               " 63fc84fc33 "
user                    " 63fc8LEwEz "
password                " 63fc8aDwiZ "
连接 MQTT

当从主题  63fc8Hcy7H  接收到消息 时
    OLED 显示  清空 ▼
    OLED 第  1  行显示  从 MQTT 收到的消息   模式  普通 ▼   不换行 ▼
    OLED 显示生效
    如果  从 MQTT 收到的消息  = ▼  " 1 "
        播放音符  音符  C3 ▼  节拍  1/4 ▼  引脚  默认 ▼
        等待  2  秒 ▼
        停止播放音乐 引脚  默认 ▼
    如果  从 MQTT 收到的消息  = ▼  " qj "
        扩展板 打开直流电机  M1 ▼  正转 ▼  速度  100
        扩展板 打开直流电机  M2 ▼  反转 ▼  速度  100
        关闭  所有 ▼  RGB 灯
    如果  从 MQTT 收到的消息  = ▼  " ht "
        扩展板 打开直流电机  M1 ▼  反转 ▼  速度  100
        扩展板 打开直流电机  M2 ▼  正转 ▼  速度  100
```

重复 3 次
　　关闭 所有 RGB 灯
　　等待 500 毫秒
　　设置 所有 RGB 灯颜色为 ▢
　　等待 500 毫秒

如果 从 MQTT 收到的消息 = "tz"
扩展板 关闭直流电机
关闭 所有 RGB 灯

如果 从 MQTT 收到的消息 = "zz"
扩展板 打开直流电机 M1 正转 速度 100
扩展板 打开直流电机 M2 反转 速度 0
重复 3 次
　　关闭 所有 RGB 灯
　　等待 500 毫秒
　　设置 0 # RGB 灯颜色为 R 255 G 0 B 0
　　等待 500 毫秒

如果 从 MQTT 收到的消息 = "yz"
扩展板 打开直流电机 M1 正转 速度 0
扩展板 打开直流电机 M2 反转 速度 100
重复 3 次
　　关闭 所有 RGB 灯
　　等待 500 毫秒
　　设置 2 # RGB 灯颜色为 R 255 G 0 B 0
　　等待 500 毫秒

脑洞大开

　　思考如何用微信小程序接收掌控板送出的消息。